The Key to Open Kepler's Law

克卜勒之鑰瓤

康嘯白　著

耿寶昌先生墨寶

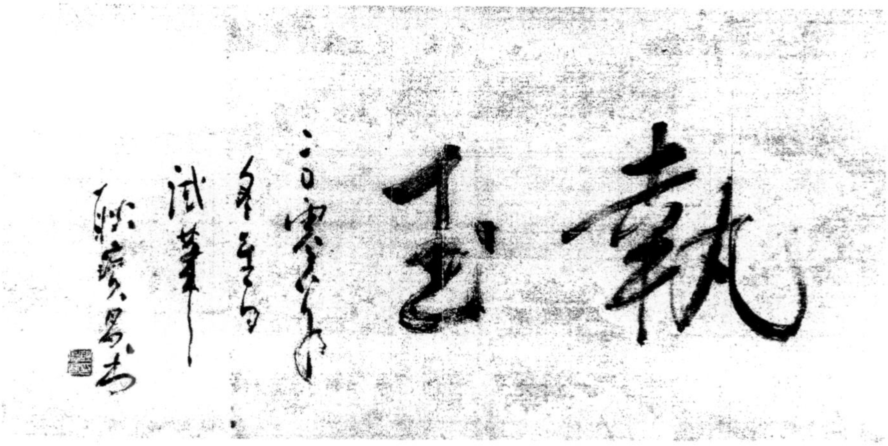

張公巷：臨汝縣衙出土殘片

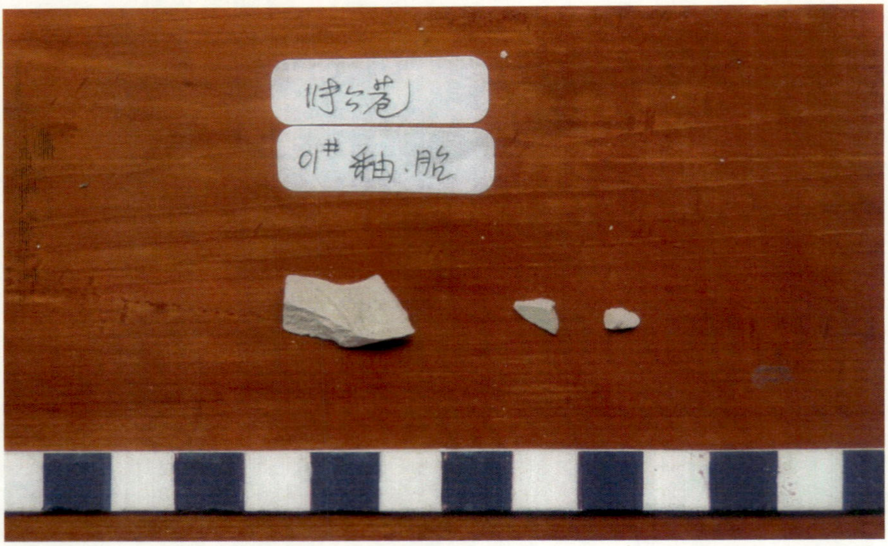

汝窯標本　非寶豐

NASA Missions Study the Crab Nebula

圖片來源：
X-ray: NASA/CXC/SAO; Optical: NASA/STScI; Infrared: NASA-JPL-Caltech

推薦序

看書從來就是一種享受，也是一種族群交流，尤其，雖然現在看書的人少了，上網的人多了，但有時會借不到想看的暢銷電版書。

要創作一本書，總得要經歷作者一生的學識，與多少生活智慧和艱難的厮磨，作者康嘯白，乃台北故宮博物院陶瓷鑑賞家，窮其四、五十年，專注於國寶文物，尤以高低溫陶瓷的複製、維護、修復、研究為主，您可從她雄獅美術出版的《陶瓷鑑賞新知》，或北京文物出版社的《補天崑崙》中，看出她多才多藝，博學廣聞，治學的謙虛嚴謹和用心表現在不斷隨著時日增加的文稿更新、編輯、增補跟修刪文辭心得。

古今往來，許多世家無非積德，最上品人士莫不識天文，無意中，得知她出身書香世家，同父異母的東北長兄來台時，她在正館巡檢，便引他參觀恭王府傢俱室，當時兄長敘述，祖居盛京遼陽，十世家譜記載本姓愛新覺羅，系康熙宰相索尼巴克什（先生，意思有學識的人）家族，在燕京龍穴－德勝橋畔建康王府鎮守京畿，並娶赫舍里中宮皇后，才齊全「一座恭王府，一部清代史」。母系河北烏桓望族，外公趙睿軒先生出身朝陽法政，曾任熱河律師公會會長、民政廳長，歷掌承德等，遺留給她一套《慎獨齋隨筆》，內含二本燈謎射覆。她髫齡即失聰 97，因父母離異，5 歲便和同母兄離家住山中寺廟旁，從已逝胞兄帶給她人生第一本書店借的武俠小說，就愛書如命。

小兄妹漫山遍野地跑，她像一隻沉默羔羊，一開學，就把全部課本翻完了，其它時候都在看課外書，放假回家，她會吹笛子安慰生病的父親，直到他再婚，兄送三重當學徒，她住校，不知繼母已攜二女陪嫁以及聯考原可加分保送，為省錢，讀了離家近的大學，一邊打工，發覺很喜歡維也納畫家 Gustav Klimt，然後，多修了一年音樂學分，愛上 Johann Strauss II 翠堤春曉與聞琴聲翩翩起舞場景、電影真善美，難道前生有緣嗎？婚前，父告先生，她是天池神女，由屏東北上的窮畫家以為指「神童」。婚後考上公職，公餘不恥下問，認識不同領域的良師益友，這些都是從孤寂萬仞高牆外送光給她的天使；像雲端機器人般吸收清溪涓流、千峰萬壑知識，更撰文中國陶瓷史，故宮轉型期還承擔同事青銅器，一年就拚出宗周鐘等大小百二十多件，杜先生 13 件父乙鼎，旁加穿上白袍，苦學化石和文獻訓詁、古代陶瓷技術鑑定、圖書管理、登錄保存、展櫃前後除防蟲霉、調溫溼度、光學儀器操作等，讓我非常感佩。

我問她為何不在台北故宮出書？她低調答，《補天》中的〈景德鎮之火〉、〈明清官窯效率〉、〈香爐頌〉本投給故宮月刊，紅釉原訂當年農曆新年發表，老師吩咐，請問長官可否給她換個工作，不知為何，突被通知停止二校，故宮臥虎藏龍，她很惜福就照辦了，藝術家雜誌原要為她出版，也因趕製銅器而擱置。後來，兩岸文化交流，就將文稿交給表兄了。如今她即將付梓陶瓷天文學，耗費十年寫的生命穿越的途徑《觚》，英譯 The Key to 0pen Kepler's law，我更自嘆不如。

鑑古溯今，引證歷史文化進程實屬不易，常見中外攝政者都重視有形無形文化的開疆闢土，以前掌權者最大亂源，莫不指讀書人詩詞歌賦流傳，可以押韻，或和著唱歌，秦始皇允六國博士官廷議，《蒹葭》尋賢聚心，才焚坑無益博大深久的非議，留《春秋》、醫藥農等。國寶文物的鑑賞，讓我想起中華民國鑑定協會年會時，曾經邀請我到國父紀念館去做一個專題演講，內容是如何利用現代顯微影像技術，來做古董文物精密鑑定，我們從事顯微鏡、放大鏡、夜視鏡、測距儀的教學和生產，架構了台灣最大的天文台圓頂，由微觀到宏觀，不可見光到可見光，有史以來，地球天文科學發生質量變化，無形中，自然連接到推動科普的角色扮演，慢慢驚覺，光電設備不僅是一種量測工具，也是一條揭祕捷徑，越細微之處，儲存著越多學問，修持態度應該五體投地。

從一粒砂子到太空，何其遙遠，多維宇宙從日月星辰遊走在時間、空間、距離間衍生各種現象，從望遠鏡看出去，陽光在四季更迭互動中，以不同的光譜療癒量子世界眾生，它們成局卻隱含奇妙巧合之處，例如，製造凹凸鏡的原理，竟然和宇宙黑洞、蟲洞形狀非常相似，若非從小就養成對科學追根究底的習慣，還真難以發覺二者間的關聯。

世上各文明古國都有數百到一千多年的歷史斷層，今人對於昔時衣食住行、能源、氣候、健保、電機、文物微縮象形字等拆讀一知半解，就卡在古埃及、亞述、希臘、羅馬、瑞典、荷蘭、德國才有助視鏡，咱們中國人在科學上輸了，就輸在望遠鏡和顯微鏡那幾片光學鏡片上，其實，人類對太空的認知，和顯微鏡的發明幾乎同期，由元前三世紀「地球是宇宙中心」之思想，到400餘年前，伽利略利用四公分口徑凸透鏡，看到天上最亮的木星竟然有四顆衛星繞著它旋轉，從而，否定當時根深蒂固的地心說，將尊天日心論觀念也植入人心。

40年來，我們在台灣出售了最多各式天文望遠鏡和顯微鏡，引導了最多人沉醉在目視觀測天體攝影中，推動學校，親子觀星，讓人們寓教於樂啟發對造物智慧漸進到深奧的科學殿堂。從人種和文明崛起至推進外太空探索源頭軌跡，那些伏羲女媧、后羿、嫦娥、月兔故事，地球這個我們深愛的母親大地還埋藏著多少失落文明？

由於，天文儀器和攝像配件日新月異，天文教育發展神速，在人類普遍接受外星神通文明確實存在之前，不得不承認，我們目前理解的東西太少，而未知區塊加速擴大，有個冷笑話：上帝造人時，為什麼先造黑色呢？因為，第一次沒經驗，燒焦了，第二次，火候拿不準，怕又烤得太黑，提早取出窯爐，結果，造出了白人，第三次，用匣缽包住，火候剛好，烤得很完美，才造出最滿意的黃種人？期待審究前人倒影，衝破重重迷幛後，迎來更高境界。

身為一個傳道授業解惑者，需要無可救藥的熱情，才能將奧祕分享給身邊的人，讓人人都能成為天文學家，不知不覺，就變成我的口頭禪了。人生匆忙庸碌，精華時間何其短促，一定要用愛擁抱每一天，過得精采，我想，每個人來世上都是有任務的，必須完成 mission 才得回歸浩繁星空。我被推舉擔任過二屆飛碟協會理事長，也因此上過很多電視專訪節目，當名嘴，結識了很多具備特異功能的人士，嘯白也是，她對文學書畫史地工藝有深厚底盤，美學哲學科學等感受無比靈敏，文中部分創見，像捨習慣的三維加時間 4 次元，而改以長、寬、高、深四維文體寫作－時空穿越壓縮，變成 5 次元串聯過去、現在、未來，是個現代版老普林尼《博物誌》大膽嘗試，前後精髓，娓娓梳陳，蘊繁於簡，有條不紊，對這樣潛龍在淵的學者，終身學習，著作，傳承，堅持不懈，並集結各界及本人殫精竭慮引起共鳴的光熱成果發散於世，基於鼓勵支持未來科藝，特為作序。

台灣飛碟協會前理事長

台北市天文協會前總幹事

台灣天文科普教育推動終身義工

太陽光學事業有限公司董事長

自序

本書是《補天崑崙》進階版。

對天文學感興趣，是從少女時代，每年寒暑假從台北披星載月趕回母親彰化學校宿舍，隔壁陸軍官校學長送我一個藍色轉星盤，以及，大學看見阿里山雲海掩星開始。到故宮上班，又接觸書上紅山玉豬龍、鷹蛾、三眼、巨腦玉人、紅陶缽、灰陶觚等，與博物館布置將一件觚懸空固定在玻璃展櫃內，遠看側看，就像一隻漂浮在天上的黑色巨鳥－太空蟲繭；還有大陸各地出土的鎮館之寶青銅觚、尊、鼎、豆、劍、鑒缶太空城，夔龍靈禽異獸等，它們想像力與內涵豐富，鬼斧神工，很難相信，在科技隱晦的遠古，能獨力製作出這種令人無法超越超的祭禮和兵器，如非活生生的文物和另類文獻考古攤在眼前，搞不準會飽受質疑。那時，我覺得好像上天在試圖教導門徒什麼祕論。

耕耘陶瓷這麼久，由於，以上原因，閒暇時常翻找地外文明的蛛絲馬跡，發現想要全盤了解，必須從源頭尋根，許多陶瓷材料是由天上下來的，尤其，一些光電功能稀土，要在一定的條件下始形成，如何不辜負天賜珍寶？而接觸大霹靂、UFO、地外生物學、航天。然而，這些在台灣還屬小眾學科，不過我相信，古代高文明必存在某些不可解的預鑄橋段，因此將宇宙的開展、地球演變史、地質學、物理化工、能源、農林、醫藥、曆數、宗教、哲學、歷史、藝術、種族、政經、軍事，交通、環保，失落文明、威瑪包浩斯等萃集濃縮整理，一掃胸中塊壘，從物質到靈魂，從陶瓷到光電，千絲萬縷，相關領域如此綿密廣泛，也許我的使命就是多嗑書，才能看清無惑的文化走向，並將知識聖火傳下去。

星旅族的高冷、卓絕、疏離、原創是古陶瓷本源，故以觚喇叭口廣角鏡模仿太空黑洞全視野，器身模仿蟲洞量子隧道，貫穿銀河和地球史，僅作為一種宇宙史區域參考。例如，各主題編年，仙女說宇宙是一個 26 兆年全息圈（註），昂宿說小太陽地球有 6260 億年歷史，初時比看到紐約康乃爾 Cornell 大學天文行星學家卡爾・薩根 Carl E Sagan《伊甸園的龍》138 億年一輪宇宙年曆更震撼，但解釋後，邏輯又說得通，高智構造、情境、觀點和我們不同，筆者追隨薩根「超乎平凡的主張／要有超乎充裕的證據」，為人類預約新宇宙，以懷疑精神和科學方式搜尋外星人・終結核冬見解，旋轉折疊反覆交叉思辨勘合，想了解外星宇宙合一法則，就必須放下地球成見，何不打開增長見識的心胸。

我們都是銀河公民，二萬五千年前地球只有 34 萬人，宜居 6 億，如今 80 億，2022 年 8 月加拿大戴爾豪斯 Dalhousie 大學研究，若不遏止溫室氣體，本世紀末約有 90% 海洋物種滅絕，這個結果發人深省，同命體有責任眷顧我們的星球。久傳歷史長河裡，高智都在這裡，已繞地球數千年，期盼人類趕快提升意識，才能相認，由於進化變淺慢，自視高，霍金說別招惹外星人，又鼓勵無畏地到太空去，快掉進黑洞，莫放棄，因為，它在旋轉，真空不空，Paul A M Dirac 說虛粒子只要視界遠大，借霍金微輻質量膨脹，也可能靠自己燃料逃脫引力重力，衝出蟲洞，成為可觀測的實粒子。飛船技術突破不難，難在精神突破無私貢獻，時空縫雖被推遲，餘時不多了，珍愛至臻要及時，有一天，地球可能又交還我們，所有最棒星族牢記呵護生物圈，恐龍、魚、鳥、果樹都移植來的，務必生態平衡 Hold on tight 自助人助、Power Passenger 奮勇向前，別等失去純淨水、清潔風、動物、花，才知先前豐盛。

地球最多天狼星人，20-30 年代靛藍漸增，80-95 是千禧水晶嬰兒潮，近世，很多新生兒在 22 條基礎上，有新的 6 條密碼子被啟動了，身高 44.2，高維靈住低維身軀的雙生體越來越多，他們就是我們的星星小孩，減碳清流，來幫我們提升次元。本書請慎擇，共振自選，由於史籍散佚、錯字衍文、百科名稱不統一、資訊更新、才疏學淺，博物總學目若有異見望君海涵，若有得罪之處，在此致歉。

免責聲明：奧祕是由許多人士辛苦翻譯過來的，予尊敬，不對其真假或立場暗示、褻瀆，含蓄的廣宇宙，所有星系生命都想開出一朵牽牛花，盼能修正地球對宇宙人的刻板印象。感謝全部的提供者，在白宮任職的妹夫 Lestina Frederic II 協助接洽 NSASA 圖片事宜，願讀者看完本書，能從心中飛出蝴蝶。

2019 年 6 月 11 日初稿

2024 年 10 月 10 日補記

註：全息視頻指至少能夠滿足透視　遮擋　非線性　雙眼立體視差　單眼運動視差　聚合等的 3D 球形圖像深度探索 有無介質不影響是否全息　真正的全息需要介質　眼見未必為真一部分節錄自 DOC-OK

目次

推薦序／鄧耀雄 9
自序 13

第一部：不一樣的地球人生

一、超自然神和地球人創造的宇宙 21
二、光速國度的來客 31
三、那些禁忌話題中的天能者 41
四、陶瓷基載材料 52
五、地球資源發展史 62
六、星球的兩個世界 72
七、世界宗教民俗信仰神話傳說 82
八、地球的血脈和次振場 93
附錄 105

第二部：科學和工藝的奇祕起源

一、古代東方神國 115
二、文物中的隱形震撼彈 125
三、矩陣榮枯　神鬼格鬥 136

四、天可汗琉璃寶 146
五、藝術化境的宋瓷 156
六、摩訶白蓮花　伽耶青玄鳥 166
七、小山交疊金明滅　鬢雲斜托香腮雪 176
八、光之極 187
九、赤道 197
附錄 207

第一部：
不一樣的地球人生

和弦
上帝的語法

常聽老一輩說，天空才是人類永遠的家。

天空，也是科技和工藝的歸宿和開端。

天文學是地球第一個正式設立《周禮　天官》（Rites of the Zhou - dy tianguan）司天監的觀夜信史科學，隨著宗教傳佈，累積人類文明風華，由理論到實測，承先啟後，發展出光電等新知而生生不息，靈魂自由與黑白平等的真締，也是源自宇宙根源深處。今日，再度檢測屬於我們這個時代的故事腳程，也不過彈指數百數千年間，之前，之後，歷史便屬於你我靈魂才得參與的前世來生。

自古至今，不乏有和天空使者差錯的大發明家、先哲、政治、數學、工藝家等，他們是最接近神的人類，離奇的一生，人們無以名之，尊稱

「星空信使」，彼等探巡宇宙天體結構、發掘星命、丈量恆星位置、軌道更移、物理演化、時空轉換、量子力學、高階應用，往往超前當代，能量外放，一度被自由論辯者歸類偽深科學。然而，萬物的存在都有其必然產生原理、工藝技術、相關材料、精神內涵，神才是最偉大的科學家和建築師，許多史前曆法和失落遺迹似非人造，天賦異稟的預見，自具文明永恆存續重大意義。

人類不斷開拓視野，突破大氣層，飛入宇空，瀚博宇宙中，更多因為觀測不足而提出的假設，在粉飾與真實間拉鋸，等待國際空間的學者們共同驗補，例如，本書章節收羅昂宿、仙女等講述的地球歷史，同時，參考諸多傳頌史詩神話、信仰、記錄。信不信無妨，別太排斥那些我們還未知的邊緣領域，科學才能進步，像尼古拉．特斯拉（Nikola Tesla 1856-1943）這種通才，只是如恆星般短暫死寂，未來，還會轉世人間，爍爍發光，如北極星永不消失。

一、超自然神和地球人創造的宇宙

〔26兆年前－永恆〕

宇宙萬物都有生命，意識指供給演化的空間，太一指「道」，源頭－非物質絕對零度不黏的超流體。物質和自由的宇宙意識（靈）一體兩面，從不得不分裂的兩支開始，合一結束。我們的Dern和Dal宇宙是姐妹雙胞胎，被包圍在充滿冷暗普通、熱暗奇異（註1）、重子（註2）、星雲電漿（註3）、惰氣、電磁波等的太空塵海洋中，其中，暗鴉Dark Corvus-暗物質不與電作用，移動有快慢，不拘泥世俗框架，加上暗能量估佔宇宙96%：安定、平衡，新星兒的推手。世界是由靜態常數和不可見的事物本質，串織成一個神奇劇場。

無終始的源頭原本無意打版黑暗，最初，可能在假想的滔滔霧潮翹曲－某個弦或點，有生於微，Matt Visser只進不出的黑洞引力快轉輻射短波，聚集同軌道另一端－只出不進的白洞奇點，瞬間膨脹，浸泡在極端濃稠原湯，Om（圖1-1）！爆炸新生命心跳聲光激波全力點燃太初核融，兩個壓縮相反極性自發的把乙太DNA置入物質世界，統一電磁場，光滑分娩了時空（註4）、數位、多維沒有邊緣，緩慢變大，冷澱後，失透的游離氫和雲霧水分使光還沒跑遠就被散射掉，失衡，併發異常黑二億年，物質限制裡最難摧拔的牢籠－時間，無聲息地飛逝。

爆炸時，深空恆星育嬰室連接太虛多星體原力核爐，太陽生成的50-150億年間，瞬噴十億星球，合併千億星團，銀河系約有2千億恆星，球核女神忍受不適，天空之海甘露隨機孕養了4百億顆類地行星，宜居星球都有星靈安住，整數十萬億，最大球體容積率，放空空間內含無形物質，無質量比光速快，暗能量無拘束，宇宙外圍仍加速膨脹，分享空間充分，依星溫（註5），藍太陽就照著織女原型納美人，生命來自互相環繞的恆星系統。

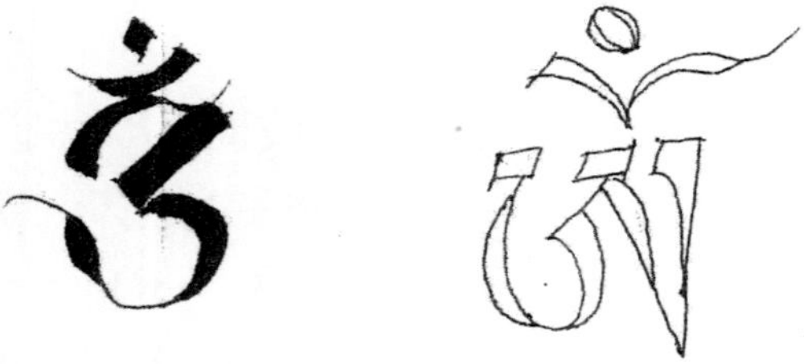

圖 1-1　om 唵種子字：悉曇體梵文（黑）；藏傳佛教（白）

質子與反質子孿生，正子－完美「絕對」，電子－隨機函數「偶然」為對立的反物質。異常本身並不負面，但和神權也難管的自由意志互動，卻常傾向邪惡。120 億年前，太古靈 Enoch 遷天琴，70 億年前其他星基因變化，狂妄囂張失去知識被侵略，定居天狼。宇宙感到孤單，耶和華默示的靈威《創世記》：天上要有光體普照地上，分晝夜、做記號、定節令、日子、年歲，分開水陸和大氣，懸空大地，又創七天使、眾星士兵、黃道帶天王金牛、南魚、獅子、天蠍看守天宮 90 度角，職司一季一亮。4 億年，第一批恆星形成，10 億年，牧夫大熊等四個暗星系形成，越早期的被哈伯定律推向天體最裡面，又抽取銀河艙室星種正－絕對、負－偶然波離子斜槓互撞能量，潛移默化動植物，宇宙意識分成許多小塊，邀請厝邊做文明回歸本源的實驗，第六日造男女，治理魚鳥走獸昆蟲，天琴－獅人造人類，有感情、愛自由；天狼－鳥人創爬蟲類，理性、喜奴役；長相個性迥異，任務、細胞平等，並各自構築穩定地磁柵欄。

星塵構成行星，彼此吸引，上帝幾何化天體和生命體，克卜勒

Johannes Kepler 日心地動：宇宙本身是祂的影像，聖父太陽與聖子星球間區隔聖靈，周圍一個旋轉四面梅爾卡巴晶體－具體的光，行星運動軌道、重力井、質心的縱剖面模型就似觚。

銀河系是宇宙一個粒子，太陽系是銀河一個粒子，星系週期圍繞大尺度銀河軸轉，太陽又圍繞自己的軸轉，如心跳。銀河凸鏡中間厚，邊緣薄，紅移波長測距，類星總是同聚；側面看，壯星多位天梭盤面及旋臂，老弱在凹鏡中央棒旋－聖光寶石太陽－「上帝金戒指」光音能量母體，包以 Cradle 三千秒差距旋臂戒托。伊利諾能源部阿貢國家實驗室無塵室質譜儀磁鐵電離，量化阿利桑納巴林傑戴布洛石鈾鉛核轉變，測地球歲數，大約 46 億年前，太空塵濃厚，稀薄均勻的非金屬星雲（註 6）重力，併發了小太陽 Ra 等超星，祂靠自身重力內壓，因高熱，成氣體和電漿的失透光球，核心燒氫，向外壓對流送暖，「忍者」氦黃光照明，穩定讓不發光熱的行星圍拱不位移，氘氚核融輻節跨整個宇電頻譜，引力還能捕捉其他星系特立獨行小行星，欲逃離防護罩，需超光速能；日冕尚為地球擋掉紫爆與流星，偶而，黑子耀斑磁暴攔阻射線光纖，使電信衛星起火、資通導航感冒，地球才設第六太空軍確保大氣電漿傳輸功能，1974 年，以脈衝星放電提升天文鏡解析度。逆向而行伴星 - 黑太陽尼比魯在沒光的深太空旅行著，3600 年舞翅赴地球一次。

漫漫虛無中，太極形成。沒人天生邪惡，在人被創間，由於中性的天使有靈能，尤以天使長路西法最亮眼，豐靈獨缺肉體，神吹一口氣給泥人亞當彌賽亞鼻孔，卻擁魂、體、微靈，白天使「先生的不服侍後生的」，《新約　啟示錄》天庭光與暗之子對壘，米迦勒和 1/3 天使、大龍膠著，屠戮三天，龍被包抄，神藉聖子形體帶著神威，人多勢眾方得勝，原要將叛軍全數幽閉煉獄服刑待審，黑方指揮官求情，留 1/10 在人間，世上才有了撒旦名諱；不能升天的天使心理受挫下，成立報復者聯盟，雖然失去光環，仍然絡繹不絕排山倒海地反抗，就是地球幾曾煩惱和紛亂的開始。第二次七日戰爭天界、魔軍、人類都捲入，死傷慘重，又帶走 1/4 天使，自此天界大戰不斷。

被太陽吸引的氣體，不再冷卻漂浮，地球和水星、金星、火星類地行星，是空心恆星彈出急轉的熔化物（註 7）。地球離心風吹走重物質，她從太陽得到貴金屬礦物等養分，適距的雪花藍，輕正電重力地磁和弱核熱力自淨，液晶板借光反射，滾雪球凝結無數星氣茁壯，冰和岩漿間留空隙，板塊擠壓斷層經絡穴位，釋出地能，是質量密度比重最大岩石行星，以上原屬銀河聯邦 Galactic Confe deration 殖民地，毀於雷姆。蘇美楔形文指，地球 Tiamat 原在天狼那，都龍形恆星，前 23-45 萬年，耶洛因干擾天狼的阿奴那奇，千年星戰，毀三行星。

戰事延燒銀河聯盟（Council of the Galactic Federation），阿奴被黜，搬去天狼 B 尼比魯，發配月之白（地獄上層 地球），12 監即奧林帕斯山戰蓋婭－柏拉圖《神譜》大地之母泰坦巨神原形，天狼未協議，將被尼衛星撞破的地球（註 8）半軀補送昂宿，被反重力拉到獵戶子宮重生，又給冰天保暖，12 種地球創守者－ GA 與人類種族關係，如同父母繫念孩子，為生存，某個等級制度社會監造成材，掉 維地球埃及距太陽一億四千九百萬公里，陽光 8 分鐘到達地面，中央太陽總站磁閘聯繫天狼銀河，宇宙 12 個星門車庫，藉合一之石或戴森球（註 9）接駁。2021 年 5 月 7 日新華社發佈「天眼」找到年輕脈衝星三維速度運動和自轉軸共線，有助了解冷光等應用廣泛的中子自旋磁矩光譜。

NASA 說，宇宙之大，至少有 100 光億年。巨星或超胎星同時 hapa 滋生熱核能，地初，一顆忒亞碳矽微星電到地球激情融合，碎片成 Duang 月，碳基化合物是地球全部生物的化學基礎。月兔慈母手中線，澆灌燦燦萱草花，調穩球體潮汐橢率繞黃道帶歲差，不蒸發縮小，萬物安息，她的愛摧堅拔韌，毀於亞特，流星雨，GF 補上澤塔人造 Luna 月，不自轉也無大氣層、磁場，月表拋光反射陽光，內部挖空轉換引力生態推進器，都被獵戶核攻。Orions 用時間線打過天琴、天狼、昂宿、Maldek、冷戰末至 2017 地球戰爭，原子戰會投毒毀大氣，變更人心和星球軌道，木星火星太陽系外側也吸引小行星帶碎塊環繞著。不同家族都有特戰成員加入，依板塊完全閉合半徑只有現在 60%，估地球近 1 億歲左右，約億年重組一次。5 億年前，類人變種，Tara 迷失破片殞靈被太陽系吸收成 12 行星，所有電子、原子、行星、恆星、星系奏鳴多主題多部宇宙大合唱，地球聲頻均 7.83 赫茲，是 12 舒曼共振天球八度音階 12 律等程譜記之一，位居太陽卡巴拉三度空間生命樹第十質點，亦銀河系 12 圓桌會議成員，恆星各有磁場，和弦使不相撞，太陽地球獵戶和昴宿光子帶 4 維行星正時空同步升級星際文明。

數百萬年前，精神文明瓜熟，先行者教鄰近強頻種族飛行光旅（圖 1-2），諾迪克星人心電感應永無止盡的生命光泉－ Vril 自由零點能原力，宇宙萬有中央星依蟲洞、光爆、空、原子粒子滲透、電子共振、量子糾纏比光快等物理法則 Data 星際交通，物質慣性和質量增重，光波難加速，電導使光與磁同速（光秒繞地球一圈七週半 電速 4 萬公里 宇時／670616624 英里），至真空迅子超光速輻射質量無限大，時間凝住。

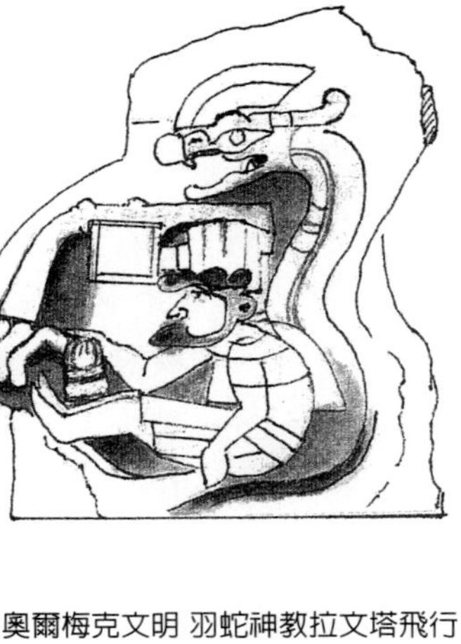

圖 1-2　奧爾梅克文明 羽蛇神教拉文塔飛行

地球上，自然風散播生命，溝通氣流；地養護軀體，把生命根源－土置火中，更應物磚瓦、陶瓷、銅鐵鈾反得到其精華，都是神性和人勤奮細心製成，以至 1840 年英國工業革命，1945 年 ENIAC 電算機，1967 年規律脈衝星信號也是自然淬煉，萬力從天而降，起於地，又從地升天獲得上下全能通覺，澳洲 75 億年隕塵可追查恆星。

我們肉眼能見的都是恆星。行星看自己恆星公轉方向同軌座標運行，小隻有時彈射出去流浪，太陽系是超星爆時，發射星雲被強紫外線電離吞吃的不尋常空間泡，密度質量越大，體積壓縮越小。氫虧損燃盡的恆星 Virl 純正血統聚變疲化，變紅巨星，燒後補氦，失能急冷卸下主序帶重擔，核心重力內壓，自坍、壓碎或爆掉，白矮星、中子星、奇特星、黑洞，褐矮星、星雲塵埃、另一個宇宙都可能是它終點。

恆星剝去光、身，氣體急流出，快速膨脹的宇宙最冷冽處：絕對 0 度－凝態奈米真空低溫 273.15℃，寒涼窒息不助燃的氮佔約 78% 蝴蝶星雲繭內，包著一顆死去主序星殘餘－小白矮星，慢冷收縮膨脹，暗弱變褐矮星，反之，質能充沛的分子雲吸能觸壓，成高磁緻密年輕黑洞中子星，快轉潮吹電衝波明滅，正反物質同時產生，由於，遺傳了小伴星雙恆星密度、磁圖大向量，比氫大都核融來的，氫動力，新星比前星更高速週期短自轉熱輻，外殼堅硬、內部帶量足以突圍鐵等重元素，給力世上最強彈潛艇釩碳合金裝甲，欲變形，施壓必須達到鋼的百億倍，中俄從煉鋼鐵得到釩。

隕石和微中子一旦遇見弱力，發光熱，就變熱暗物質。

2002 年，擄獲中子星的微中子，它多來自太陽，不帶不感電，渺小輕微，透明，可穿透一切、互換，卻孤潔寡合忠實地當高能宇線御史。人類追求粒子力動能無止境，像愛因斯坦冷凝物可傳遞強項藕合夸克的 0 質量膠子－玻色黏簇，加速均勻流動，光子質量越大，周圍空間扭曲越生漪，長臂雷射干涉儀能見黑洞碰撞傳來的重力，銀心驚爆，物質和暗能量使時空翹曲（圖 1-3），塞曼效應，電磁場動量也會彎曲隱形，電子躍遷，影響量子電動力學；直線光快到恆星或黑洞，重力波磁場非對稱劇烈曲變偏折（反射），穹界飛船都借曲率引力時空泡幻象滑轉彎，只微中子在操場暢行無阻（透射）；特斯拉說，一個彎會因一個直抵消彎曲空間，由電磁場的高轉帶動乙太旋轉，變化引力大小、方向。絕對守護一切正面，偶然負面，主要異常出現前，沒造物，邪惡藉自由意志和黑暗互動，如樂透機率的雙極靈魂，中子碰重原子核或質子當下，星雲重力消失，被銀河引力扯碎，氣盤屑被微中子反粒子毫秒就地形成大洞引力，微攪動吞吸所有照射翹曲時空表面光磁（吸收），洞道電阻摩擦，又密成亮環光電噴流，氣化失維，重子縮回奇點胚胎，休眠弱視迷惘被凍待機，萬物的本質是螺旋，如新北投公園日治導水池。金字塔羅浮宮摩天大樓冠石水晶錘轉移地震衝，神廟編碼全段比長約寬的 1.6 倍，簡單和諧，宇宙公式分化理性物質小空間最大容積歐幾里德幾何匠工，反之，拉萊耶文本未來城市，府宅結構「令人厭惡／瘴氣反射的陽光都被扭曲」。

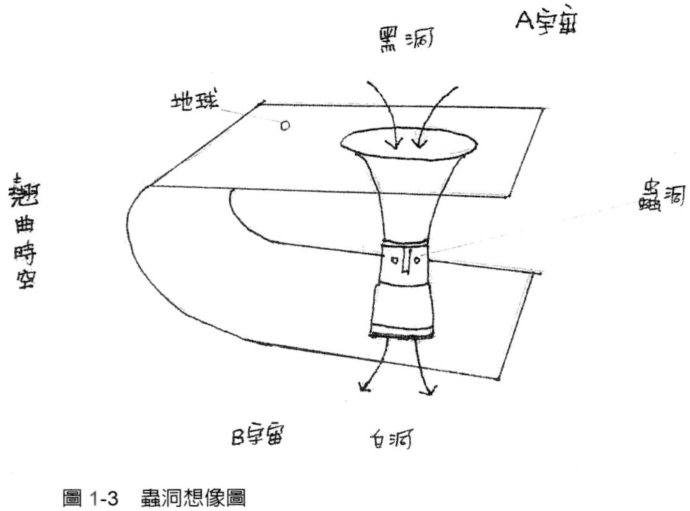

圖 1-3　蟲洞想像圖

以上即輪迴說。三維空間以二維時間塊的投射存在黑洞，似電腦虛擬 VR 仿真一面黑幕，心念創造實境，生滅都是縮小跨過「空」進出另次元，靈魂乃數不盡的星球光斑自由小意識－道，投入無休止旋轉門，乙太體解脫，物質犧牲，靈魂會徵詢新生兒或授權登入 walk-in 移形換舍。接管者與星族和星系人前世做了承諾，相約為拯救行星或種族，在人類、動物權、醫療、環境、政教、社福媒體合夥無間。

1977 年 8 月 15 日，俄亥俄州立大學收到銀心黑洞人馬座寬頻訊號，2001 年諾、俄國和昆士蘭大學證實，錯估宇宙已膨脹至熱寂變冷或重力場有限大與膨力相抵停止發散，因亢暗能量有排斥力，會主控撐長蟲洞開放，保護靈肉形體合一，生命穿越繁衍新宇宙。

瑪雅石碑記錄，三千年前，阿奴那奇眾神在墨西哥特奧蒂瓦坎開會，全面撤退，留下數個人類世太陽紀文明（1）根達那巨人超能文明（2）美索不達米亞南極洲飲食或小人文明（3）雷姆利亞生物能文明（4）亞特蘭提斯修煉光文明（5）現代情感娛樂文明。目前，有神論地球教派正朝瑪雅金星曆、金字塔、造翼藍鳥人荷魯斯全視之眼，大單一同化銀河系邁進，人類未來前途焦灼敏感神經；麥田、霍比、印加、唐書都附和瓜地馬拉基切聖書－阿斯塔 · 謝蘭司令 Lord Ashtar 轉生的瑪雅王子《波波武經》。二千紀 Intel PC 微處理器上市，許多黑力轉向，2012 年 20 進位（彝族也有）第五紀結束，3 維地母離開雙魚入寶瓶混融 5 維最後挪移篇章，還原到原來的恆星，數十億光年業障斷捨離，銀河所有行星恆星螺旋無一靜態，不繞宇宙某位置或恆星公轉，而是本源。次年，太陽系繞昂宿、昂宿繞銀河、銀河繞星系中央三迴圈洄游公轉週期完畢，昂宿繞大犬共舞，天狼陞旋臂中央星，內在品質決定命運，一方水土一方人要否雙贏公投自決。地球在悶燒（54.4-74℃），2018 年聯合國公告只剩 12 年減碳逃命，拒批京都協議書、退群巴塞爾、巴黎協定，減褐低階再生破局，2023 年氣候專家：「不宜居還剩 1/3 時程／世界正在癱瘓」，長日將盡，人類貪婪奸詐高溫時空罅縫已開，NASA 證實一個氣團闖入去又返，壓縮獵戶和英仙時空密度，缺乏軌道共振讓小行星脫軌飛來，萬幸，新宇宙轉彎星門到達，神盾連接大熊星座（北斗七星）。

解析托圖傑多遺址瑪雅碑文，為天體脫舊迎新。下一段26000年的天象，2013年交接好了（1）兩極對調，改變地球與Ra相對位置（2）太陽磁極變動，重調與昂宿相對位置（3）昂宿完成螺旋週期改變與獵戶相對位置（4）獵戶一場劇變，精神整頓陷入黑暗，通往銀心更遠處的通道重新開放，過去30萬年，獵戶入侵，天琴被阻的通道原由天狼承擔（5）天狼開靈性密意學院（6）昂宿天狼合體，保加利亞龍婆預言，2023年地軌改變。

2014年，傳協助地球升級、資通防禦的星際5維護衛艦進入太陽系，騰訊報導，宇宙兄弟姊妹尤其木星已經默默粉化轉移很多暴衝小行星、慧星、負面科武，「澤塔之聲」也警告極移等重大地質變化，2021年地震波演算地核鐵結構變異查實地下有五層。

物質來自蟲繭，每個星系一個黑洞星門。重綠能罕貴金屬在太陽系形成前，就存在太空塵埃，金鎢鉬鋰鈦鐳鋼鉑鈾……等，都只在超星中子星合併秒間，不然，就是第二代恆星爆核嬗落地生成，性穩，不隨便與他物化應；電晶稀土、高磁矩分離封包鎖定衛星、風電渦輪、無人機國安礦源，霍金擔憂惡意外星人，但是，地球快枯竭，宇宙黑洞不斷加減，太空大財主地主何其多，傳神賜印加帝國一黃金巨隕，鉑金遲純，依賴精神存有，煉金術宇宙觀是大小間相互滿足的呼應，轉變過程將靈性物質解放，重造物質，又重塑心靈，如太陽散發光芒，演化產物返回星際介質，一體充盈，而無損太一世界。維也納畫家古斯塔夫·克里姆Gustav Klimt嵌貼東西方詭麗幻影生死戀，他畫作被毀，又重建分離派，扭轉剔突冷萃的拉萊耶水湄，傳更迫切的SAT學測，是防禦第二圈--負責地球精神解放的木星指揮部學務處推的反省靈修。

註釋

註 1：無重量　質量很低　與電磁力和強力不起作用　只能用低磁場弱核力與重力粒子交互作用察覺

註 2：不發光　不做電磁輻射的非基本粒子　如氫　漂浮在恆星間高電離星際介層中

註 3：良導體無質量膠子夸克湯低黏滯有色荷類型方位　強強禁閉越小電能越大超過核聚變　只在原子消逝幾皮秒產生

註 4：點 0 維　線 1 維　宇宙演化是曲面平面 2 維　物質世界點線面 3 維　4 維次元 3 維加 1 維時間維度　異維中存在許多現實凡人看不到高次元空間　12 維以下極性以等比數增減　以上宇心大日如來獅子國無極性

註 5：熱度由高至低依序為藍　藍白　白　黃白　黃　橙　紅

註 6：原子　光子　微中子　夸克　輕子　膠子　玻色子等基本微粒可分割到世上最小物質費米子　複合粒－中子與重子類質子藉強作用力克服彼此的靜電排斥安定地待在原子核內　玻色每個原子軌道只能容納二個相反方向自旋的電子　費米子弱力相互作用才有引力

註 7：Dianne Robbins　紀錄翻譯　來自地心人寄的文明　2010 3 18

註 8：撒迦利亞　西琴《地球編年史》　第一部　〈第十二個天體〉太陽月球九大行星　紐約　1976 起

註 9：Dyson Sphere　銀河系 800 顆恆星離奇消失　外星文明在建造戴森球　科學家 2023 11 25 包圍恆星的假想人造大球　可捕獲大部分或全部環恆星軌道能量輸出的不同類型 含網路等長期生存技術

二、光速國度的來客

〔6260 億年前－現在〕

半人馬 α 形成後，風車雙螺旋中央黑洞銀核服從萬有引力。

星星繞著小黑洞點公轉，夠大，就交會，負會編程徹底阻斷 6 維深愛相遇，靈肉合一雙生火焰世所未有，大多人只是遇見汲取己身主要能量的真命天子，摧心挫肝失意艙負波引爆戰爭。銀河系以銀心 26 度水位對分天空，先從棒槌三千秒差距旋臂，再暗昧海矩尺座延伸英仙、人馬二條主旋臂，跟南十字盾臂推湧漩渦肇興。小太陽系距中央太陽 26000 光年，繞旋速秒／236 千米，中等能量，物質地球著床於獵戶臂邊陲的宇宙反物質黑洞，初始，意識文明都很落後，在 GA 眼中，也是極端稀有的墮天使，功課比其他文明星球難，掉隊小遲緩兒妨礙了和光旅族交流，但能看見她的有二千多個恆星系統，來過的多愛上她。

許多主流天文科學家、總理、首長、高級將領、五角大廈顧問都說，真傢伙客觀存在，不必入侵，堂皇逛大街，其一以冷凝分子擴散法混入人群，像人，甚至最英俊貌美的人，可能你搭航機，鄰座天琴在看數理化，天龍收假回營，觸地瞄見地勤小灰人，排隊刷快易通，後面是你的昂宿老闆，最仰慕資訊中心電腦維修師牧夫，告別校園宇莫教授、大角護理師，回家跌坐沙發聽鯨魚座交響樂或看拿非力中鋒球賽，河堤慢跑與織女擦肩而過，遛狗遇到純樸地心人，約飛馬星建築師跳恰恰，或芝麻街、《魔戒》精靈人、《魔鬼終結者》流星投送類人，《星際戰警》魔形女、《蜘蛛人》蜥博士漫威生物，或只是一股花香……昂宿：有 70-10 8 個文明幽浮飛過，太空人「他們正看著我們到來／地球人不是宇宙惟一智慧生物／各國政府人民都應該正視事實／沒有必要恐慌或掩飾」，2022 年美國國防部、國會、NASA 都求證做 UFO 的分類。

1794 年，美國研究圓盤飛船，傳特斯拉可漂浮、穿透、消失、增長的億伏特球狀閃電造成 1908 年通古斯爆炸，同時可能彗隕幽浮掠空。1922 年德國銀行家確認飛船原形給舒曼，次年成首艘飛船。1930 年美國意識外星人，飛艇大躍進，希特勒作了十幾個專案，開始，只能垂直懸浮，內建電磁動力，後由鋁先驅繞制磁電圈、范氏起電機高速旋轉汞勵磁球圓盤（圖 2-1），飛時中間不轉，上下反向，重力波排斥重力場。二戰，蘇俄有龍晶，美國 100 Treaty 碩想磁性學，德國糾團「爆破手研究室－13」碟超音速機，地球高能雷達致幽浮失事，被希特勒拆除引擎和發動機做引力飛船，烏蘭努斯重創盟軍，美國怕外星和德國合作，美德 PK、美蘇核爆，引起泰蘭星人考察輻射。

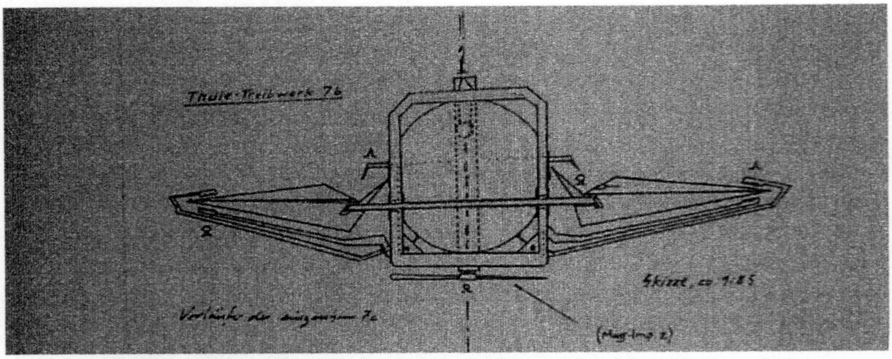

圖 2-1　圖勒協會電磁引力驅動裝置 Triebwerk（Thrustwork）

戰後，阿利新墨 Roswell 墜毀，澤塔薄片超導，26 層光滑鉍銀鎂鋅合金，心電控，變形後能立即自我復原，運到俄州，重傷乘客對女看護說地球人有權利知道自身來歷。黑技科比我囧百萬倍，文明鴻溝加上汙染激活按鈕，此後，各種幽浮頻繁展示違反地球法則難以抗衡的神祕實力，美令擊落，火箭巡天機、電子深空高信噪拱起鈦軍需。陰謀論 1954 年，美澤祕簽 Grenada Treaty 2029 年拜金跨物種人接管地球，全球深層祕道都採「百合」山下黃金瞬快車，真空管線換吸高壓電磁場光控速，美東西半小時可達，後白宮設 NASA 和 ARPA 第五網軍，發射太空梭追趕蘇聯載人艇。美查高智，蘇提地外文明標度假說（註 10）；1968 年阿波羅八號直播月球地出美照，大學先軍方電腦連線，登月過程被火腿聽到，環保資訊自由公開法吹哨，法、比、南美、英美國安局、NASA 藍皮書相繼解密，美國聽證會播放綠光低溫飛行物 UAP 視頻，馬里蘭大學國家館微縮片、間諜假想敵 The Block Vault 網站，地外生物學成新信仰。

澤塔母星雙太陽強輻，靈性與科學發展相悖，質量較小，適應弱化垂死，25000 年前訪平行地球，5 千年前起參與東亞、51 區基改，2010 年 GF 廓清已停止，定期覆查核輻。1962 年，蘇聯探測船囚禁一隻亞特人魚寶寶到黑海，車諾比，蘇聯因阿富汗解體，伊柔大角也投射液態流光電磁針炙麥田壇沙漏星雲警示三哩島、SARS、汶川、新冠，網格暗助猶太 Google 星際移民，弱勢保育、零點能（註 11）、冷聚變、奈米生醫、LED 節能燈……友善的美感給我們學問。

諸神觀照宇宙太極，互補又制約，因星戰平手，致力全部生命的和諧和平。銀河中央文明指導天琴獵戶成立法律約束銀河聯邦，總部仙女座，星際語 Kosan，以 Nibiruan 服務各界，13 席管委會屬 7-2 8 神維，梅爾卡巴的空靈無形體。加入恆星 GF 對峙獵戶的正面種族，有木星和阿斯塔指揮部等，非寡頭政府而是主權獨立平衡運轉、沉穩，和星際守護聯盟 GA 都是自願有點鬆散的組織，火星、復仇天琴、Ma 不參加。地球 GF 在天狼，大家守護聖光，遵守銀河法典，從中央太陽穿梭各黑洞星門見識異維恆星，調停衝突、救援，協助內部不那麼先進的低維類人成長，更多光旅及格恆星參與中央文明，年輕新文明轉成正直專業聯邦成員。轉世者人形，可讀心變形幻色貼附自我療癒，很像微中子，均 2 千歲，有些在土星的月球反重力母艦開會，幽浮從五萬公里航母、圓柱、針、銀絲雨到極微之微，南宋洪邁《夷堅志》辛卷第八，南京見一圓發光物散無數細小又聚合成原樣，不怕太陽閃焰，傳送異超光速時空，無視慣性重力學鎖不定洲際飛彈都失效，軍方服軟，仙女實語，人類不是好管家，自私自利不尊重自己他人，蓋婭病重又被毆打，且燒太多錢擴軍販毒不救饑饉，依法「不干涉星球內政」除非呼求。

天龍（薩麥爾 Samael 造人有功去向不明 犯七原罪憤怒〈啟示錄〉〈路加福音〉有跡象沒佐證是北境天使戰爭 Fall 地不肯跪拜亞當的古蛇）冷感愛的膠水，跑去獵戶／孿生仙女帝國大本營，電磁魔王 75% 人形，老巢在亞非，一戰出山，手握星座之王 - 參宿 7 反頂夸克黑魔球，尊黑日，花數百萬年搭銀河網格，指揮天琴議會五大星盟。20 萬年前，智人現非洲，8 萬年前散歐亞，26000 年前亞特大巫師轉世，洪水，光明改移地下阿加森，新石器時代尼尼微、德勒斯登燒線紋陶（圖 2-2），白進，黑退，從蟲洞運人吸積六道無疆幃幕，Forbes 都測到本地泡，雙方保密。蘇美後，尼比魯沉寂，1983 年，NASA 找黑日還在獵戶附近，2008 年麥田警示一行星進入本系，次年 4 月 21 日莫斯科視頻顯示兩個太陽，2015 年 5 月 21 日，日月地球成直線，聖光像月亮，愛與極樂的 starseed 幫地母揚升，百慕達種子水晶重啟，照亮地球，阿斯塔 X GCIE 復元恆星通訊鏡像系統，精靈天使重回地表，2020 年 6 月 21 日黑日上帝戒指美加日月同輝。

圖 2-2　哈蘇納文化線紋陶

外電分析，時空旅人、非人是從遙遠的4-6維半乙太星球，自用STEM歐幾里空間深度、溫度、時間曲率來的，次元越高，頻率越強，長大越慢，輕、亮、透明、繽紛，如很美的粉紅眼睛珊瑚綠皮膚；少數由金星、火星、土星衛星搭對接穿維機，加速，質量膨脹，由匈牙利羅曼男爵等效原理十億分之一（地球太陽最短距）急轉4維，超光速突破材質光障，與地球科研、聯姻、參與事務，幫襯未開化文明，撒哈拉千年岩畫5.5公尺圓頭巨人法國考古學家稱「火星之神」；或從地心。一個物體所有能量給物質予重量，能大為王，故超水壩重力雜質會拖慢地球自轉和光速，物質光帶波動粒子，卡巴拉上即下、始往終，黑白洞雙向，愛因斯坦才理解牛頓萬有引力不是電磁波，套用德、俄、比、美前輩量子的n維彎曲時空同編，車船人看到或走秀過去、未來。獵戶古埃及把晶球當巫毒，招來大洪水，文明沉海底或埋地下，但機械、巨石、瑪雅契蘭・巴蘭叢書、太陽印加精神依舊在，亞特海神大黑石半透托伊發電機水龍守望了一萬年，金字塔粉晶同步聲波反重力宇能轉換，蘇美爾的圓頂，中國平頂，澳非南極尖陡、歐洲方錐，南美階梯形，現有14支在地球活動。

生命物理是和弦，化學旋律，未必聽候遺傳指令差遷。傳爬蟲自設基因，歷4千萬年七次失敗，混血人類無數代才變清新超模，志願參加施主各捐區塊鏈，組合，添加，打散，儲存40353607種原生人類，22次修改，3434樣膚髮顏色，舊石器時代冰川存活不易，故法國、奧地利、捷克、羅馬尼亞、中東、馬爾他、巴基斯坦、俄國、遼寧等地多健壯母親塑像（圖2-3），美國學者根據這些考古，提出「女神宗教」理論。18世紀，田納西北卡大霧山切諾基部落天賜雲母製造菸桿房屋，此族聞人是強尼・戴普；地球大約1/60宇宙人（也許是你），老住民模樣古奇、科技超前，傳說瞭解為何來？從何處來？切實在履行，就能聯繫原鄉。老靈魂非常敬畏天家有個超越物質的大能王國，自謙日月神之子、天子，受到許多宇宙高能慈善團體Sponsored Links保護。

圖 2-3　舊石器時代母親石雕像：勞塞爾維（左）、溫林多夫（中）、茉斯皮格（右）

歲月以前，還沒有類人、生物，GA GF 從有文明起，便以迷你動能 ATP、玻璃觸控面板、多維天空、雲朵飛碟、星塵特種飛船、中央太陽正義集團母艦，全方位攬牢牢守護人類和地面的外星種族，修補她求生所揹負面包袱，毀斷大電池精神 ley 星門。被逮到重症關愛中心的罪大惡極神，不處死，再壞的，也不敢違背天庭法則，只因，念頭才是降喜降災的最高法官，不管本性如何，生命光景怎樣，反社會多麼頑梗不堪回首，或者仍在罪中，神子都愛到底，給機會赦免，在光中贖罪，不受教化悔改才送本源中央太陽重組靈魂，回收即合一！地球個性極強，並非其他高級星文明附庸，得自立自強接軌，父母子女固共業，自己不及時立功立德立言，行善累積福報，任何關係都逃不過三世討債還債報恩報怨，深觀命數，基督、佛陀、穆聖、老子、密教克里希納黑天等，很多教義都被弟子俗眾左道了，如用詭辯言語挑撥涼薄至親，勢利眼，霸凌，慳吝挖苦殘疾，譏笑佛誕身帶卍紋，大男人單一意識形態禁臠女性，種族歧視毫無悲憫心，粗糙的靈灌輸無益改運，虛假提升，權柄榮耀神創造太陽系，心電拂星、放衛星、擒縱棋局，也盼孩子悄受羽翼自化不怠惰，找到支配宇宙的普遍法則，同時滿足各秩序環境，故文明盛極而衰，自然資源走偏，靈性混濁，人造的負能量使地球無退路，有二次反撲。

一次是亞特蘭提斯，一次是 Noha 方舟。

11773 年前，大西洲理想國－天琴織女獵戶灰人建的地球第八個文明－ J. R.R Tolkien 種族記憶海島帝國 - 努曼諾爾，網聯歐非，有鎂馬路、王者黃銅、水泥金屬包石牆、定海金字塔，Vailixi 飛車艦艇運河，鉻鎳球根電燈，大角傳授聲光頻，首都黃金太陽宮六面體磁歐晶柱充電移物美容，十噸 Cristal 能控 1 萬、5-3 萬尺高冰罩穩定氣候，擋 UV，全 AI 的悠閑社會，無老弱病痛，卻不知足沉溺權力遊戲，基改扮神，窮兵黷武聖杯也喚不醒，基因缺變同時陸沉太平洋的瑪雅特洛亞諾大預言－姆大陸（註 12），重力場來自乙太黑洞平凹放大稜柱光能（註 13），豪侈無度，末日之役一夕被黑日誡命、地球自救粉碎，降級者急凍回蠻荒；行星墜印度洋，3 萬年前少數天狼雷姆植物晶能雷射，在姆蓄奴，自沉學藝，天地異變突逝去，凱貝灣沉睡著蜥人黃金城穀粒陶片。

雷人統御地球 85.5 萬年，初交好亞特，瑪雅祭司手抄阿斯塔總司令與獵戶 Ma 戰史現藏芝加哥紐伯利博物館。蜥人佔領天琴，60 萬年前氣候劇變，Ma 復攻 GF 地盤，火星拒蜥人殖民，蜥辯質子雷射不熟，黑日誤射，Ma 散，擲入昂宿木星小行星帶，水控者－天狼令宇宙波黑洞吸火星水傾盆，倒地球海洋中心－復活島，燙穿薄地殼，地磁亂，打水漂拱起姆大陸。羅摩摩艾蜥人有文字，因天狼標量板被偷，印巴交界核戰，獵戶離開，混血中德裔猶太，餘居天琴、織女、天狼 AB，昂宿也走了，地球墜更低次元，至被阿奴發現。比利元前 4613 彗星引力《聖經》洪災近烏魯克立國，「人生為己／天經地義／人不修己／天誅地滅」，以諾與上帝同行，靁（空 善）化，絕育，諾亞只一妻，神視義人，立下彩虹之約，人類不再放縱自由意識，閃、含、雅弗生養眾多，管理全地。含犯小錯，諾亞醉酒咒含子迦南當兄弟奴僕，閃吾珥花園城的亞伯繁星後裔，妻妾生子家庭不和，庶發落西奈半島當沙漠酋長，嫡死巴勒斯坦，兒媳懷雙子，雅各騙以掃讓渡長子名分，被神調教，改名，當埃及宰相，母子永訣，後寄人籬下顛覆又顛覆。美索肚皮舞姬、埃及納爾美、中印河谷在相近的時間緯度發光，蘇美尼比魯王表，塞堤直升機，瑪雅帕倫克航天館，都以愛琴海寫下前後文明史。

善惡互約，不直接介入地表世界，然而，千萬年的星戰各有位置攻防，不接觸不可能。死海之書：亞當糟糠妻莉莉絲到了路西法的王國，結親該隱，後代繼承諾亞的身世與知識永生，將依阿爸神約，與藏在南極的亞當胚胎結合，洗脫原罪回神座。電漿含正負電自由粒子、未電離原子，黑洞個性不同，出冬眠，斯文進食或狼吞虎嚥的盤旋物蒸發，力學、引力收縮，質量減，星系中心變暗，吸積盤內緣噴射孔，吐 X 成中子（註 14），1971 年，霍金提黑洞邊界總面積永不減少，Ligo 用分光鏡激光共振抵銷測量雙星旋近、並合，2013 年歐洲航太發起星震衰盪彼此繞行變換位形，合成黑洞兩極噴流重力波（註 15）千尺嘯浪。沙場並非角鬥士唯一戰場，背叛、腐化、情慾要思辨受害者賣命給奴隸主，《萬夫莫敵》奮起抗暴，雖然敗北，間接促使羅馬帝國垮台。薩根說：蟲洞兩端是科學和上帝，大靈宇心同步，光旅設定機制圓周率 π 由高智主導。

天下高山都被淹沒了。

瑪雅人向東逃，織女大角的印地安、獵戶的印加和摩艾、上帝選民迦太基也沒有倖免，清掃後，銀河文明強勢教化，鋪陳愛琴時空錯亂的 Oopart，希臘石雕平板筆記電腦下方，兩個揮發記憶體 usb 充電孔，似乎，二千年前的人就對儲電上癮了，因為飆網需要電力連結 IP，把黃金融液塗在金屬表面，通過銅導線投影，傳送 3 伏特光電鍍金或電療。埃及哈索爾丹德拉巖窟主動元件電晶體，蛇燈絲旁邊站 8 米電擊巨神官，二集極體有轉動的磁針、地磁脈能，電箱汲取蓮花蓬勃發芽源動力，結德柵絕緣開關，集電弓雙臂，陰陽蹲姿奴隸頭頂銅塊抵住金屬燈座，腳踩電路板（圖 2-4），另有「秤心」儀式，因心臟承載了人一生所有的意念，死者由鷹神荷魯斯帶到審判室，若有《亡靈之書》，先陳詞，騙過 42 個判官，胡狼神牽去秤重，朱鷺官書記，結果，心比公平女神的翅膀羽毛輕，就不丟給有去無回的冥境怪獸吃掉，低配通關，冥王給還陽永生。不過，自由意志不能被篡改，功過不相抵，清掉不能帶來喜悅，每件事都會消耗能量，座旁也備置綠能電箱花萼燈；埃及人看星星，如懸掛的油燈，太陽維納斯廟神燈不用任何燃料亮了幾個世紀，1400 年，羅馬墳墓長明燈風雨不息燒亮 2 千年，高智教導薩滿、先知深不可測的神典幻術，麻瓜望塵莫及，但是，蘇美善神 Lilith 隨從都誤解，暗中吹滅燈火，設了毒咒機關封鎖神燈秘訣。

圖 2-4　丹德拉之光電晶體

地球這部智機，電容由德蘭士瓦「非洲之星」亞當金鋼石反射收發電磁光束，希臘羅馬沈船安提基特拉青銅差速器，採天狼年計時，30 多天球精密齒輪，如電路邏輯主機板，古城星羅棋布，孟裴斯意念能永創的黃金分割胡夫金字塔豎井，對準距離陽光最近之天龍原民－天狼獵戶一級星 Thuban 布局（註 16），國王小閣樓字可能火星人大名跋，採高頻金屬聲波懸浮巨石運輸駐波壓力抵銷重力，人面獅身像先做，29’58N、31’08E 度座標當時正對東方獅子座，巴比倫、三皇、希臘燒玻璃（註 17）、亞述、印度哈拉帕、墨西哥奧爾梅克、秘魯帕爾帕、阿茲特克，馬丘、吳哥窟都屬於地球第九個文明（亞特三）。

註釋

註 10：起於 1959 美國戴森球假說　1964 年天體物理家卡達　謝夫以通訊的輸出功率度量此文明技術之段位

註 11：0 是瑪雅數　宇航晒圖含時空隧道真空透鏡 LCD 原理開合　核材質　電磁場量　零環點能　位置　站牌　路線

註 12：1930　英人詹姆斯喬治華特　《失落的大陸　姆文明》Ramu 太陽之母帝國以印尼為中心　涵蓋北亞維吾爾　印度　西藏　日　台　泰　緬　夏威夷復活節島　東加　斐濟　馬里亞納　商貿抵中南美

註 13：瑪雅卡斯蒂金字塔似地球惟一線性核代數　體積　對稱　光滑決定能量強度　壁面吸附引力波協振反射摺疊　陽光水晶聚能　八角稜體錯合物三維四角三邊指水火風土長寬高二元　類推　交接點是 UF0 跨次元出入口

註 14：Sopia 我們終於知道黑洞是如何產生出宇宙最耀眼的光　明日科學　2022.11.29

註 15：研之有物　重力波　I got you　那場黑洞合併事件出賣你了　中研院官網 2019 10 31

註 16：Jim McCaty、Scott Mandelker 一的法則編年簡史　中日南島族人祖先來自天鵝 α　天津四

註 17：泰妲普羅米修斯造人　盜宙斯閃電火給人熟食　赫拉神廟凹透鏡弧形拋光點燃奧運聖火　凹鏡散光成像小　凸鏡聚光放大　合成蟲洞形狀　見瑞典歌德蘭島　維京　亞述水晶鏡片

三、那些禁忌話題中的天能者

〔500 萬年前－未來〕

上帝沒有形狀，無處不在，創造了 36 維空間，20 個平行宇宙，善惡混居美醜難分。39 億年前有人形生命，至今 750 萬個人類文明，五大星系（註 18），2500 物種，全球史前岩畫上光、人、獸、鳥、蟲、魚同家庭，Ga 記錄盤上，人類有 12 維 CDT 能頻基因，來自聖杯血統（註 19），魔法褓母給予所有行星自由平等，摯愛生死連鎖，老住民都道地地球人，由墨西哥遷到阿利桑納的霍比歷史敘事者說，人類墊基地水風火，原同膚色，簡單即終極的複雜，巨人不再，達爾文進化論修訂為主幹」版。

耶洛因 Elohim-9 維之王，宇宙舍監，超然於良善靈性，由黑暗、墮天使那指導世人，在地球和銀河間組魔，其一耶和華，真假最後全一。

天琴 Lyran －（圖 3-1）四靈中之玄武，「南斗射手管生、北斗紫薇主死」。北歐菩薩，黑天使，主星織女，催化亞特蘭提斯、瑪雅、希臘羅馬文明，高大靈活樂觀內省，髮膚淡獅族磁（母）性血脈，和反粒子電（父）性天龍交惡，1800 萬年前阿加胡星一爆成捷克隕石，旅行 700 萬年落布拉格，製成亞特聖杯（圖 3-2），每塊都帶自身訊息，喚醒星星人類星際編碼和來的家庭。行星密封網格 Key 刻在托特翡翠石版。數百萬年前人族大逃亡，火流星．70 萬年前至北非，後沉降昴宿金星，五萬年前獵戶修理來避難，地球隔離後移雷姆利亞、天狼、仙女、鯨魚、昴宿合組的阿加森王國助人，首都香巴拉，有地球上萬年生活史。

昴宿 Pleiadeans －（圖 3-3）四靈中之白虎，來自天琴，沒有宗教，耶和華是另外一種形式。

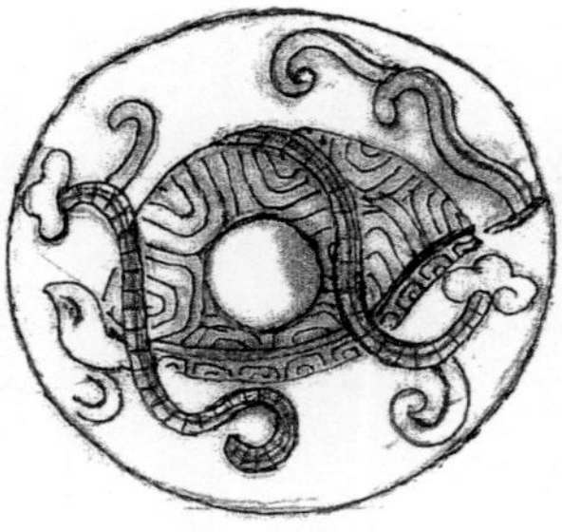

圖 3-1　漢　四靈瓦當　玄武

圖 3-3　白虎

圖 3-2　亞時聖杯

自愛自制最高頻，已升到光體，擘劃早期地球藍圖，史前疊澀拱在拜占庭東正教與文藝復興窿頂教堂，庫斯科黃金城，藥妝芳療的文明，威嚴健談，於巴里、夏威夷、薩摩亞、印度化身循環，中、澳，蘇族、毛利、瑪雅、阿茲特克識緯，掌銀河第五議會第五星門阿斯塔、翡翠黃金指揮部，監管銀河光譜、金屬人種，千歲蟬蛻，70 前在學，愛與美的泰萊塔恆星 Erra 色亮疏散星團，意志卻蜂房齊一，雅利安毗濕奴、豪傑烈士都他們，犯錯涉入人類戰爭，瞭硬碰硬只會兩虎俱傷，中立，告誡優先保護自然環境，很多紛爭都人太多引來的。太空移民能改善生物圈，空污、過熱、噪音。美國安局解密，銀河系至少一億宜孕行星，搜尋築巢表親，天鵝座有個 98% 類地，30 光年千個，但跨星旅得同化心智動機、基微量必要元素、作物菌、十億歲太陽、水、保鑣衛星、大氣層、重力波、引力磁場、高負壓反物質重力船、水陸城市，仙女有兩個要給人類，科實片《星際效應》首席顧問基普 · 諾恩判定星際奇特之物存在蟲洞，強子機如輻射質子機關槍，取暗能量如走鋼索。

恆星、行星必須有能力淨空軌道內其他天體。昂宿數百萬年前，能心智操縱 vril 於各種創造、破壞用途，在地球失控或物種受傷害時會露面。來此本要七小時，幽浮推進系統比光束快幾百萬倍，超驅動同時跨時空匿蹤，那時，二點距折疊歸 0，只有停止存在時才能微秒跨過千萬光年天文距離，如彌勒佛「一彈指／32 億百千念／念念成形／形皆有識」，三百二十兆靈犀相通，異空異時，減速轉超速先飛太空，再太陽系外換小飛船飛地球星門，艙體第六階金屬七段，給比利的碎片含鉭金銀鋁鉛鉀鈣鉻銅氬溴氯鐵硫矽……要輕，能隱身，抗磁，反重力，強度高，外形和基本結構永不變。一戰後，德國出現很多占星組織，二戰二名德國科學家宣布，科研領域的成就不屬自己，而是來自另一世界的人。Thule、Vril 想找免費精神力，後者偕歐人製成金屬半圓穹頂，後期，改強化鋼玻璃，二至三層甲板，特斯拉同鄉 Maria Orsic 說，德國日耳曼是金牛星轉生的外星人，混血蘇美和喜馬拉雅雅利安，參與極北之地 JFM

飛船的研發；基於一份阿斯塔感應器心電數據，Vril 手稿採錫安隱修會阿卡迪亞文、畢宿 5 楔文蝶形反重力引擎。

金星 Venusian －生命總部，飛船以磁場光控器推動，水晶棒捕陽光或自己生光，住地底、摩天墅。1955 年乘願再來的 Omnec onec 說，太陽系存在與物質宇宙平行的廣大文明，奉行因果，果報無法逃避或抵銷，菩薩怕造絲毫業，懵昧習之，自裁惡貫滿盈日積月累的多維能量崩解、天地震怒才悔恨，勇敢糾錯救護生命是最大善。地球白人源自金星，黃種土星火星，黑木星。金星火星都在獵戶和 Maldek 戰爭解體，另一毀於溫室效應，紫外線全被 CO_2 保住，硫酸雲，高抗酸、冷、熱、鹽、輻射、厭氧的古宙嗜極菌都卻步；極端氣候溫壓不可逆，移形也難存活，環境因科技惡化移民，新金星是尼比魯撞木星甩出的。

天狼 Sirians －（圖 3-4）四靈中之朱雀，火星文明，天琴稜柱藍光生出的光柵疊力基因專家，負賣武器，而引力次於太陽、衛星最多木指部、龍族星光集團守衛木衛 1-3 極光颶漩金屬氫鑽石海的止戰幫人擋行星。十億年前，變紅巨星，第三四星移民太陽系，伴星是比鐵重的暗類日白矮星，4-5 百萬年前播種埃及、西藏、拒回教由東非西遷的多貢，放月亮平息天災，東周威烈王中國天狼曆升起，船艦設語言轉換器，外罩力場，晶控滑行避免怠速，磁閥未噴完放任膨脹會陷錯亂時空，大型多動力。幽默包容，其人種在靈性上落後了，GA 營救 Tara，重設 7-12 根種，20 萬年前建亞特城邦網路地下塔，發明手機，35 歲停止衰老，地球凝重不自由，靛藍流浪長老多半自願離開安樂窩來救世的，不避出生貧賤。希特勒強蒐的 1-5 根香巴拉極地儲備兵源－高挑、長腿、健碩、金髮碧眼、白膚雅利安，找 2、3 低鏈梯度突圍 4 維，再撿拾 5、6、7 簇與反向雙生平均，指讓羅馬聞風喪膽的波斯祆教徒剽騎，或北歐巨人後裔，天葬與藏傳醫輪要從聖杯後裔舊金山、青海祖山《時輪經》特別醫科考起。Ma 被眾星萬有引力引爆，戰後，地球裸露大陸，蜥人宇宙戰艦彗星變金星，地球重換太陽排序。天狼火星移民姆，澳洲本近印度，人面獅身母性至雷姆，亞特，澳洲，埃及，台灣雅利安女性漂到異他古陸婚配南島前，火山陸沉，與夏威夷、紐西蘭、復活島高山金字塔都雷殘存，排灣乳丁蛇陶壺和原民椰子橄欖星星飛船其來有自，北投巴賽祖先帽子船曾降姆陽明七星聖山。1812 年，躲火星瘟疫來地球。

圖 3-4 朱雀

天琴的愛貌似粗鈍，不像某些父母擋前線拴小雞靠爸媽，人種是 5 維統領，天狼 home less 接管天神的權責，化身古聖仁醫畢達哥拉斯、蘇格拉底、希波克拉底、柏拉圖和偉大權力政治領袖。傳維京號拍到火星沙丘虛構 23 世紀《Star Trek》盾形隊章，2018 年 CIA 解密，獅人金字塔為真（註 20），專家說，和藹可親的人才適合住在火星，地球將沉湎有代價的高科技，抑 Plane 靈能無盡展延國度？

路西法 Luciferians －人之初，難周全，開始都是正面。神授在黑夜以人性弱點酒色財氣、權貴榮華、心之所欲試探收買靈魂，日久，被物慾感染，萌生超我的諾斯底熾天使。體面俊美，輩分高，地位神寶座周圍基路伯以上，不服權威跪拜耶穌，犯七原罪傲慢，天使戰爭中被削斷腳根，聯人類對抗十三星座守護神（註 21），但非叛天首謀，真摯地愛上夜鶚－藉春夢吸人精血維生的魔族莉莉絲，隨她進入地獄深淵，天使仇視他，魔鬼戒備他，陰謀論撒旦主義是一群相對少數，擁共同統治世界權力合夥維護身家的豪族，視分利為美德，為同儕量身趨利不擔風險的大計，資本金融自由滾動。

銀河處處風險，許多星族捨己救人，2013 年 2 月 15 日某幽浮以 25 馬赫倍音速死光擊碎一個襲向俄羅斯的萬噸大隕，也有低維低能杜鵑窩被熵（註 22）寄生，walk-in 的癡呆木偶智商 0，莽撞冷酷現實。神鳥族以鳥的樣子生活，佛給米飯，給蟲袈裟保護，一個負向聯邦和獅人牽管幼崽，綿裡針偽善演技王 AI 看不透。

蜥人 Trephibious-1923 年起歷久不衰的都會傳說，醫治者 David V Icke 新世紀陰謀主義中，世界性的達官政要謀士藝術家，精煉物理、法律、醫療等祕教老知識，俊彥比人類聰明百倍，儀表堂堂，冷靜自持，魅力四射，世人廣泛推崇他們，競合博弈。

尼比魯寄生很多進化種族，和地球一樣，各有信仰和意見，誰也不能代表整體。

阿奴那奇 Anunnaki －穹頂祭司，有氧舞蹈國度，蘇美烏魯克冥晝神，埃洛西姆真神，馬杜克雷神，從耶洛因昂宿陶冶金銀鉑微振動得血肉軀，配種 6 維，智優，英雄情歌，強悍唯物掠奪，50 萬年前，獵戶核攻蜥蜴、高白、澤塔帝國，饑早，太陽又遠需放單原子金軌到大氣星鏈抗輻救光熱，趁併車，44.5 萬年前與天狼昂宿乘尼比魯之翼登陸波灣，取早期智人 - 非洲直立人卵與阿奴精子，借殼皇嗣婦女代孕試管嬰兒－工作狂黑奴亞當，蓋 12 條基因撓金，30 萬年前增強為尼人，10 萬年前與凡女雜交生子，矽碳基、電磁不共鳴，邪惡暴戾，情感轉折音線只剩辨識，極移，冰期，回部落世界，智人挫尼人，大洪水，第二代滅，三分尼羅、埃及、西奈飛地。3600 年前天火毀了淫亂的索多瑪蛾摩拉，二戰後世俗主義認同扞格，《漢摩拉比》開宗明義強不壓弱，為奴隸主中上階級應報，罰偽證、高利貸，錫安想建有秩序的世界，亞當守護自由有缺陷人格，拉鋸各地朝代中立伊斯蘭本質自重順服，刀劍交加原限自衛防禦，聖戰士

Jihad 中譯勤學，激進孤鷹反外力、美式民主，以色列迦南（巴勒斯坦）復國掀戰火，以巴沙烏美英對立蘆葦海金屬激光雷達束，兩伊、阿富汗、美伊、茉莉花、阿拉伯之春，敘利亞濺血，奶蜜沃土成煉獄，河流餽贈的村莊喊卡，明明同根種何仇怨內鬨荼毒生靈？

灰人 Greys-160 多個分支，有感情，一半很克制。昴宿培育 2 千小灰人，餘克隆（無性生殖）。母星火山爆遷 Zeta，獵戶軍骨幹，蜥人追隨者，曾被剝離愛、關懷、共情、憐憫能力，羨慕別人有 2，3 個靈魂就能互動，警覺地球正在重複他們千年前粒子光束無情對待其他生命老路，物質組成惟靈心本源能感受，被自造核武逼入地下，飲恨無田可種，基因毀，羞愧想回退，生養藝文兒助手，已失憶，核時代微處理器等電機都 Dulce 教的（註 23）。飛碟碎片金屬玻璃應用、自旋電子、隱形能量、壓縮電池、智慧記憶、航天平台、光速控使美國掌百年全球量子學七吋，現在 GF 教他們思覺調適。

天龍 Dracos －由 Dal 宇宙－黑日下凡阿爾法天龍星的泰坦大人，軍事奇才，令人敬畏的藏鏡人司令官，有翅、電鍍膜《天龍八部》護法，已轉輪修到高維，敏感，科技宇宙強，40 億年前第三眼全視量子念力凝膠率先穿隧銀河隘口弦（註 24）／氣泡，壓服障礙堅忍不拔，掠獵戶，今混天琴天狼基因，拿地球 10 條人類子孫第 4 維，七種級動聽魔音幻術腦控一半人奴，90 萬年前首創阿曼尼中美火星《絕地救援》磁場放射器－阿利、新墨自給自足的龍晶船，執掌雷姆利亞、地心東方文明，雲集四海之英、寰區之異，北澳方圓動植物「愛與和諧」的雷姆藝術如保時捷跑車，音樂、繪畫、文學、建築、金屬、藥草加工公平競技，圖書館銀河第二大，因馬其頓波斯大月氏白匈奴阿拉伯英國去過，諸神汽車多樣，多重結構，絕緣、電子抽氣、螺旋翼、尾焰，擺脫地心引力以電磁反重力驅動，垂直起降，椅背刻蛇盤樹醫神，快如子彈。卡納塔克邦 1931 年棕梠葉手稿中，鍾車材料淨化、稱重，800℃ 灌模，時速／ 5760 公里（光年速 299 米／秒），選配 5 種型號避雷針，棲息古寺廟鐘塔。《吠陀經》

中，希臘東印度瑪雅（圖 3-5）合製 Vimana 埃及印度陸海空氣動火箭船，數以百計，傲嘯各大洋，單翅滑翔、尾翼穩定的和埃及大醫神 - 印和闐陵墓薩卡拉鳥和哥倫比亞黃金小飛機很相似；斯里蘭卡飛魚船反流體重力捲換時空，動力來自電磁場。

圖 3-5　瑪雅文明女性彩陶

科學是不輕蔑未知的存在，1818 年，俄州巨蛇山陸軍少尉 J C Symmes 宣告地心世界，被羞辱；1895 年，一位印度人做出飛船，被逮補。超音速馬赫機很難想像，6 千年前就能看見極速維摩耶，太陽黑子、乙太、地母予這隻四輪 12 吋鐵大光鳥固若金湯，汞引擎，自動追蹤，妙身變色錯覺，拉瑪那．瑪赫西文稿記錄了驅動製材訓練服裝駕法，萬不該被末日贓彈偷仿。幾千年前，比太陽年紀小、質量只遜於黑洞、好馬拉大車的參宿四紅妝，面臨十萬年衰變期，天龍帶 IS 去火星地球，極軸陀螺歲差，4800 年前輪值北極星值星官（註 25），宇圖節氣柱石磨齒輪大亂，黑衣巫便橫行，攫食陰冷波能的才血祭，物質星光層臨界態者找到天琴便毀滅或同化，以荷爾蒙維美，或指過度撈捕農牧基改，給野豬人類基因，

George Orwell《動物農莊》才嗆豬假球民主，野性難馴。僵化規管害無數健康禽畜被撲殺，往最後故鄉海洋傾倒快比魚多的垃圾，流刺網討海，超額消費野生，怨念擰成沉重小齒輪，綠色和平組織努力保育，人道邪道電光石火間，跨物種流感在哀悼被當掉的環境禮貌。

龍氏星人－（圖 3-6）四靈中之蒼龍，帝王星，有膽識，國際天文學會未總合，室女、天蠍、半人馬等希臘英雄星座組成，80 億多年太陽種族，大角 Arcturus 波頻即彩虹，謙遜，提醒，圓寂，參與整體的銀河進化，死生中途站。壽 6 千的，艱困期獲悟道善種子教進空轉換，物質光和頻率光速在宇內時間才存在，餘呈絕對穩度和虛態，區時可壓縮增減，故幾億光年銀河也快閃。74 萬年前從物質通道來智利，10 萬年前接觸中國人，1 萬－ 3 千年前降廣漢三星堆（正面天龍右樞 Location of Thuban 蒼龍心宿 2　畢宿 5），安頓黃河流域，傳授八卦、太極，傢接基因使後代更聰明高大漂亮，英風雅奇層出不窮，3-5 千年前，黃曆甲子第一次星戰，廣東石刻庫爾干男權民族高加索入侵，星爆失聯，秦代再出現，蘇美曇花一現，學者猜，亞伯拉罕的棕膚妾往「震旦日出」破曉之地 - 印度、扶桑、美洲、大洋去，4 千年前建了夏朝，但膚色是因星系不同，天琴來混種，二戰後歐亞不少中小國加入紅朝，中國革命，千萬藏傳佛釋道轉世龍家族撤退，台灣是暮鼓晨鐘最高要塞，地能、智商出色，紅龍能心力移物破解晶片加密址，但寡佔才財經重置。龍很欣慰龍文明保存得超好，龍婆：2021 年克癌，一條猛龍主宰地球，三巨頭團結東西方交換，外星人曝光，將來，少數善良取得知識聖杯的華人會先導「聖人出東方」，駕宇宙方舟，成為孟母三遷的外星人。

圖 3-6 蒼龍

世事牽一髮而動全身，如蝴蝶效應，天算運籌，西方卻不信文獻坦裎化石趨吉避凶。由天琴搬到室女超星的宇莫 Ummites ，飛船反物質、反引力推進，效力星光天狼蒼穹大會堂亞特科技鑄材工程師，截收到人類摩斯低頻，1950 年來法國、西班牙，說話小小聲，符文簡潔優美，1973 年，以阿第四次贖罪日戰爭核爆離去。後來，美國通過星際大戰黑預算，眾多高層目睹參與幽浮，中國靠改革開放氫彈電磁砲、量子電腦、光電追蹤隱形機、國際核融 ITER 環流器日月崛起，本只想與星條旗勢均力敵，陰陽互補，習大說力挺多邊，尚未自覺在迎接星文明起關鍵作用。迦薩零和，人口爆炸壓榨石化，氣候政經教育飢荒瘟疫臨存亡極限，核爆自嗨威脅宇宙安危，傳昂宿宇莫 GF 探察隊主要任務是核事故預防。漠不關心拖進化後腿，宇莫為地球悲傷，勸告

核爆攪亂了宇宙各種空間尺度，朝鮮問題和伊朗一樣，你們必需在太遲前，管棄核化石暴君，把保護海洋列為優先考慮……不要摧毀你們美麗的藍色星球，這是一個罕見的大氣星球，在太空中如此雄偉的漂浮著，如此充滿生機！

註釋

註 18：阿卡西星紀元　EI-Manouk：人類居住區域冥神　白芒　美爾米亞　水星　天德

註 19：阿奴天狼昂宿灰人 GA 監製自元前 24 萬 6 千年 Ashayana Dean《異邦書 Voyagers 系列》1999

註 20：耶和華造火星閃米　科技過頭　衝動核戰導致氣候失衡自毀　神三次流淚痛惜　獵戶流放北非中東庇護 1976 年起 NASA 拍到人面獅身螺陣塔　一滴淚 2001 年滅跡　2014 年約翰布蘭登認火星曾有文明

註 21：泰森　史特勞斯　戈特　黃道究竟有幾個星座　12 個嗎　其實有 13 個　天下文化　2020　12　1

註 22：熱力的動力學功能轉換　計量機率　數　永不滅　天體生命科學等物態系統有序走向混亂脫序的規矩　科學　精神系統函數叛逆　順從　各領域有差定義值參數

註 23：電腦微芯光纖雷射　幹細胞拼接克隆 AI　夜視　強纖防彈衣　航太陶瓷　隱形術粒子束裝置反重力飛行

註 24：連接銀河中心高維的非物質光子帶 Alex Collier　仙女座星人述說的銀河文明史　全球之翼　2002 8

註 25：天球非靜止　好些星星擔任過北極星（北斗龍頭紫薇帝星）五千年前 gaia 叫北辰　造金字塔　是地球和人類的歸宿　斗姆女神由成都 ley 點進地球　參寶墩金沙與三星堆文物

四、陶瓷基載材料

〔46 億年前－至今〕

平行高維地球像一顆烤番薯彗星，雙生叫維亞繆斯。

冥古－太古宙，火星磁場大氣變弱，老地球內縮成地心世界，父祖神指使雲氣星月隕石(註 26)核彈哺餵岩漿海貴金屬、放素、月亮水蒸氣、甲烷，火山生氦，降溫生土，結實澳洲丹麥等時空膠囊利基－黃鐵、鈾、鋯、鈷、鉑、銅、鎳、鉛、鋅，根據強磁礫石研究，初始地磁場保護臭氧，二十八億年前，出現地球陰模南非克拉克凹槽鐵球，劇烈的板塊運動新生代都未消停，風雲雷電飄落大雨，匯河湖洋，藻菌病毒組積礁丘軟墊陸地，富氧光合碳水化合物的大氣層雨露均霑，資質不凡，賦形漸圓潤，單細胞微生物(註 27)、海綿出場。

地球是有情眾生，39% 矽酸鹽礦石位居第一次元，服務能量。

（1）火成岩－地核為比太陽滾燙的鐵鎳熔漿，噴到二次元，快速降溫的為玄武岩，含長石鈣鎂銅鐵鈷鈉鉀低矽（石英 水晶），節理緻密，不耐高溫，如澎湖黑峭壁。劇烈噴出，快冷的是安山岩，巨石耐久難加工，含斑晶長石鐵矽鎂鈣鈉，如大屯火山群。地堵中，緩慢冷卻的花崗岩，含豐量矽雲母長石鈣方鉛礦汞鎢錫釩鉻鉑鈾稀土，能發強電磁，有偉晶硬度足以抵擋坦克，抗燒熔，如金門太武山。太陽．火山地熱 IC 光阻膠，間歇泉也屬於古代核能。

（2）水成岩－地層下陷，沼澤泥沙黏土石膏鈣碳生物礁等沉積風化而成的岩鹽或白沙漠，河流冰川沖刷的頁岩、砂岩、泥岩、石灰岩。石灰和玄武、安山等基性岩氧化物多。

（3）變質岩－地下岩石碳受高熱或擠壓傾軋物理化質性改變的大理、板岩、礫榴輝岩、黑雲母、鑽、水晶山、伊利石。玉石透光性強，一本珍石圖譜藏在英國Jersey島，萊姆有砂岩、板岩。花崗經過地昇海蝕露出玄武，曝曬、風化、搬移變沉積岩，變質岩還能成分重組，像瑪瑙（石英玉髓）、滑石、白雲回鍋岩漿，再跑馬燈循環（圖4-1）。

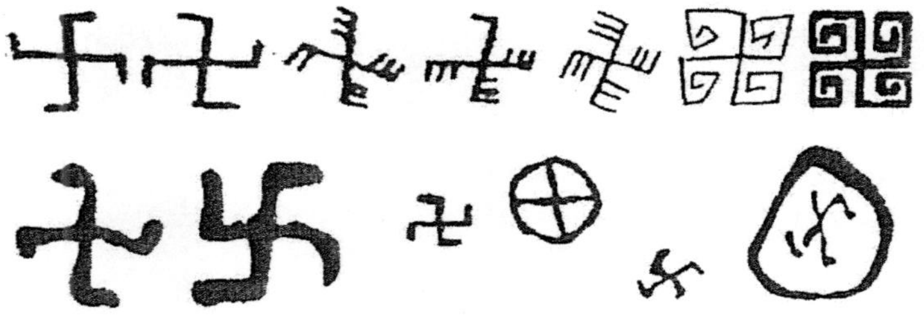

圖4-1　紅山文化萬字紋　出自文匯報

台灣地質礦石齊全，放置台大青田七六庭院中。

地球是活體，會由於懼怕人類而變化，對農林不能給的油、礦，冷凝裂解，深度爆破給地母多少重傷疤，如耶穌聖痕代人受死，挖脊骨斬根髓，失去貞操的愁恨，曝青奧電競《爐石戰記》《冰與火之歌》獨行俠扭曲神力，變身復仇大怒神，或昂宿13顆水晶骷髏濃縮知識機，瞳孔菱透鏡反制黑隕天敵惡。運道同源，施黑魔術孕震三倍報係自然界鐵律，五千年前石峁、烏拉山巨人城西伯利亞甲骨、印度史詩、廣東石刻、多貢口傳似連雅利安蒙古採礦核戰。文明週期壓力鍋論，從發軔到規模，成熟，鼎盛，萎縮，腐壞，更新，即一元，兩儀，三才，四象，五行，六合，七星，八卦，九宮，十方。以地球現今年齡，除以大滅絕次數，最後一次節點在6500萬年前，現處第六次進行式，BBC：史丹福、普林斯頓、加大研究脊椎動物正百多倍數消失，人類首當其衝，要達到之前的生物多樣性需數百萬年，2009年瑞典氣候學者說，隨著更多地球限度被突破，她復原韌性已不如全新世！即使幾百年荒地復育，該物種未必繼續存在，遑論那是否還是我們想要的世界呢？

類金屬矽硼砷鍺等半導常生兩性的化合物。牛頓煉火星月球銻辨識賢者汞，銻鉍鎵熱縮冷脹，矽藏鑽石，耐熱、自濾、精算、壓縮、擒縱抗磁，生命記錄器－水晶心智儲存擦拭，高硬度熔點，阿帕拉契山龍晶 - 印地安之淚，有研究西北華盛頓等州《暮光之城》瞬移血族與狼族粒線體來自歐洲。萬物體內都有矽，人電腔形式，波能最難分級，次元通靈也需穩淨高速定向可逆導體， 25 種以上的化學組合，濕潤來電，乾涸成電阻，光速保住電荷，心電池，電容法拉量接通地磁場，電阻電容電感即被動元件。宇心漩渦都在聲光氣水中進行，只要圓頂出口無瑕，各地巨石改進矩陣就能光旅。天琴獻種俘給獵戶天龍，逃昂宿、小犬、天蠍、溫暖多氧的 Ma、火星，Ma 核戰驚怖，殘片業力轉到地球，瑪雅初世曆 GF《往生書》在中陰身超渡，投胎 2 維大腳雪人，阿托娜議會止戰，神仲裁命四方人任地球守護者，遇見要分享，東主地（身體），西主風（頭腦），南主水（慈悲），北主火（熱力），故原民掌草藥，中國鋼鐵陶瓷氣功，印度中東代數水利，歐美 50 萬年智人加州晶洞石火星塞、10 萬年三相插頭、鋅銀倒鐘花瓶、耐火材、電磁學、幾何微觀力場、放素燈、可控絕緣晶圓、光纖。

記憶體晶片 chips，花崗石拉丁文 granum，都叫顆粒。《聖經》提到，天空有輪子的金屬飛行物。

黃金帶自由電子，能拉成一個原子厚度，金身人格晶網具抗癌不死能量，7-800℃ 消失，降溫又出現，可製泰森球、韋伯望鏡。麥哲倫向西班牙國王遊說遠東遍地黃金。天狼用聲頻共振挖礦，似磁電管。萬年前厄瓜多金牌、雷雕金書和六千年前蘇丹金幣超導，蘇美爾白銀柔性光電，有些可由一形態過渡到另一族電子陶瓷鈳鉭，或化應。鋯耐高溫，熱漲冷縮、遮光導體磁物質。白金錫鋁鈉鋰鉑磷砷矽氧近磁鐵時順磁，分強弱。金銀銅碳鉛反磁，玻利維亞烏尤尼銅金銀式微。鋼鐵、鎳鈷自發磁化，順磁。鐵磁通量超快，0 時絕緣磁場歸功超導厥偉。星戰時，地球夾在太陽金星引力間，離心產生兩極冰洞、火山口，熔漿「同性相斥、異性相吸」能量抵消，雖可由岩石受熱、磁鐵化看出地磁逆轉（註 28），地磁最大來源仍是地心小太陽帶電風，熱對流金屬液態荷日朝太陽、夜向兩極，電子使磁針偏角，兩極永在，極光反射香巴拉氣光，異常扭曲電漿重力加速度，黑洞磁風暴近 5.5 強震，赤道慢物質籬止，使恆星陰道噴出 320 到千百萬倍於太陽父親質量的重力雙極噴泉。電荷集中異境，如錫安聖殿騎士達文西密碼在法國雷恩堡。特斯拉線圈（圖 4-2）電、磁、熱力、量子、光學等集高端產業大成，鐵從千百萬年前的釘子、尚比亞 5 萬年前尼人中彈頭骨、萬年機箭、蒂亞瓦那科巨石釘、亞述法碼、柴達木鐵桿、阿育王烏茲鋼、帕提亞電極、燒錄通古斯黑盒子、電車航母磁核共振，18 世紀預支殆盡，現在阿根廷和澳洲深掘。

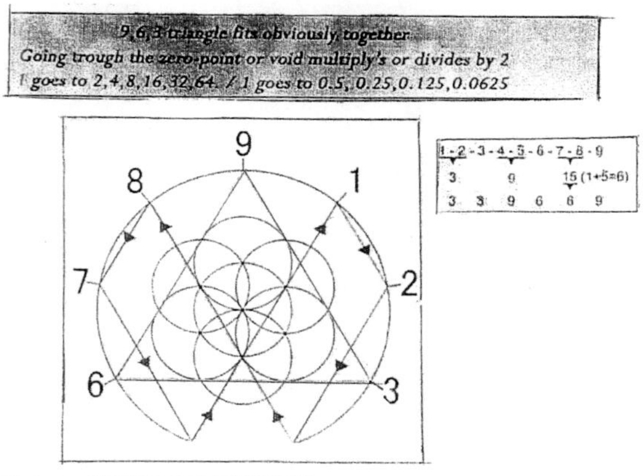

圖 4-2 特斯拉 369 羅丹線圈

物種依本能挑選對等伴侶，大腦決計。人一生，大致遇見 13 個同時空從銀心太陽被創、相似起源的相容摯友，即使各奔西東，依然依偎，多數互動在能量平衡而非身體、情感層面。如碳家族，鐵親碳，兩極端夫妻同素異體反粒子，油軟石墨絕熱、抗電壓，賽車纖結縭能隙碳碳鏈熱力學上最穩固，調石墨烯可導電抗腐、吸核輻、堅航太體，新寵石墨炔利光柵。鑽石高電絕緣，電弧鋼和晶圓柱切割，回收砂輪。SEM、EDS、EDAX、EPMA 功能不同。美國國家科學院估巴林傑、肯納隕鑽更硬，可製奈米超硬零件，是飛船必用的質子光粒子準晶體？或天狼薩蓋拉黑金？諾物獎頒給改變科學範式，對人類有重大益處的發現。物理協會 APS 會長說「國家智力大半浪擲實用物質科技／更重要的知識層面沒有太多想法或資金貢獻」。半導體由矽鍺到砷化鎵、磷化氫、5G 氮化鎵、碳化矽低功耗，高抗壓散熱頻逆變。GF 鼓勵出於悲憫的聲醫光電研發：原爐醫，磁珠 LHC 抗癌成像，外骨骼，念力輪椅，台灣疫苗國際認證，藥源中台組裝互補，陸為最大順差來源，林口長庚高能質子物理結盟國研院人工植入物、地空輻射生醫，花蓮慈濟細胞療法、全人照顧。

地殼約 800 英里厚，磁場中，物件有質量是由於地吸。地心引力在地下香巴拉，埃及金字塔位於各大洲引力中心，穿過塔的子午線，正好把洋與洲對分，引力、電磁力、強核力、弱力中，重力最小。驅動反重力飛船和艦體光子引擎遠距傳輸同理，未必是物理現象，測不到，乃因星科技多半透過電漿流往返地球和乙太層；身體的 DNA 由氪下載上傳指令，無形式不能超光旅，若把電子和核束縛原子中，才能反應電磁能；地震波不向地（月）心，氧生命比氬快 4 倍光速，半乙太是光旅者想克服的坎。重力強度侏儒或巨人，間接來自物體本身品質，將原子從物質剝空，擺脫萬有引力，與重力平衡，就能以某種方式飄浮。磁浮列車永久超導初發想，是德國科隆懸掛車廂三相直交流迴路發電機，後將 0 電阻低溫超導材裝車底磁激電流，軌道鋪良導板，調整不同電流，控制磁場強度向下推，鋼軌全抗磁鐵向上，抵消車重，無摩擦抬舉便懸浮，高速。隨著永磁化材 VS 室溫超導材的發展越來越可行，輕巧、不需散熱和車輪，終結火藥，如碳族鍺？

世事輪流，能量的輸出也是返回，極冷來不及減壓的金剛鑽會逆回石墨。英國依此發明鑽石電池儲化槽停擺餘命核廢（註 29）。H C Urey 氣體擴散濃縮鈾給阿拉莫斯的田納西橡樹嶺實驗室，在矽表面放碳銅奈米尖矛，催化 CO2 乙醇循環燃料，核、日能激烈減碳都用石墨，但它不能頂替重水。冰島碳捕集抓汙染源封存深地層變石頭，主流預訂 2050 年 0 碳，封升溫控 1.5 度，事實可能攀升 3.2 度，海岸線全後退。

幾乎所有生物矽光子都發光，長期氣候變遷能源部種天然氣、地熱、風、潮汐，碳管理要多角化降載生煤，媒哨花、蘑菇、胚芽、《聖經》杏花金燈台、亞倫那球莖、好菌藻生能、酵素沼氣廚餘、聲波衝、晶隕、天災、反重力電磁 Sub-at omar，黑洞真空 Vacuum Energy、氫奈米光電車、氘氚、晶片儲電，在在需求靈性學經歷跨域有遠見肯出力思考脫俗的 CEO。2020 年 9 月 27 日歐洲渦扇液氫 0 碳排空巴重出，微量便夠驅動幾部車，如尼古拉・特斯拉把一秒分成幾千萬份，當今電學還建在他遺產上，如真空管、Crew Dragon，另自製蠟燭發光樹，聲控紅外線敏觸燈，只要政府同意，業者鼎力合作，碳價、能源革命再生都沒問題，歐美中日俄都回收燃料棒鈾鈽，馬克宏太空軍似乎第六類接觸宇莫，核廢存太空（註 30）？彙整校級基本研究，大學手眼耳腦並用，院級技轉法人下游業者，高教取消電漿融合、加速器光源碩博班倒退嚕！

電障起因纜線溫度、漏水、磺氣、危老管線，可用彈性束帶分格延長線・戴白手套電束插頭拭塵與黑繡防走火光損，插座應高於水位，地下纜需防蟻。材料以及新舊不同的電池避免混用和高溫潮溼，誤食強鹼鈕扣型會灼穿食道、血液酸化致死，玩具磁化球磁力遠超 50 高斯易致常穿孔。精密 IC 奈米稼動率滿載，得定額電流壓預防秒停電，巴格達電池磁鐵棒放入惰性銅浮管，會慢速，電遷移即通電金屬線在電流溫度下，動能給導體金屬離子，使朝電場反向移轉原子散失。斷線短路減弱芯片可散熱，李愷信先生元件磁極旋轉 90 度，平放改為豎直增寬空間；酒精靜電高含瓦斯容易氣爆起火，應開窗通風；電石石灰石和焦炭用在農工醫療、戶外照明、手電筒、打火機。

10-4 萬年前，東亞區人種發生斷層。叛天使指揮官 Azazel「火生者不服侍土生人」，7.5 萬年前火星大氣毀，不告取亞特，五藍血投胎 3 維 Earth，佔一半，1/4 本土 Ma 靈，其他獵戶以服務自我進化。6 萬年前，GF 接觸姆，5 萬年前，天琴之車含豐鈷鈷隕鐵，阿奴允天龍回地球，4.3 萬年前，地磁反轉，紫外線末日，袋鼠長毛象失蹤，印度躲地心，屋頂透明，天琴逃半人馬，又閃回．中東尼人溯回第一代七地智人基因庫，尼人較高突變，萬呎毒塵死光雷射痛殲美麗星球和孩子。 3 萬年前改良非洲亞當基因．智人赴歐，德國尼人雕象牙獵戶圖，法國西班牙繪昂宿。古衣索匹亞跟南美鉑鉱用在電極、放同素熱電機，伊敘核競，減碳壓力下，剛果阿富汗稀土石油期貨都搶得很兇，中韓、印度、伊朗氘水阻斷核裂。核廢煉金、亞特燒瓶生命無中生有、壟斷戰機航母晶片都有道德物議；吸飲廢電池鉛錳即溶粉末日久會腦盲，阿奴帶陶來（圖 4-3），帶鈾元古宙成礦，加彭小花崗爐 20 億年前反應運轉，似強化水泥固封，熱干擾和核廢都沒擴散。核戰毀，人變種，陸上鈾將於 120 年耗盡，燈油磷也沒了，美加研擬氘氚核聚變中子弱電流，取代鐳強放光源，愛達荷大學環境化工超臨界流體與美國西北太平洋國家實驗室 CLW 海水提煉鈾，價廉毫米人纖將低放核渣再生淨能（註 31）。

圖 4-3　新石器　美索歐貝德輪陶

物質不滅，水是太始，生命三要素水、能量、空氣。地球水（財）是月亮和外太空星辰水晶釋放的，水電晶變形，物性密度不變，4℃密度最大，頻率近人類。地脈流電網振 30-60 赫茲，體能運作不整不妨嘗試玉晶同步。男性爭逐特質來自火星，女性包容金星，邪淫會被綁住，正面積極的性如農耕；以阿雨水貴如油，電漿也偷渡微生物－吸光土能的 Ebanis 蠕蟲，幾公里大的現代人頻率升高能看到。始新世，西伯利亞與巴爾的摩灣火流星空中爆炸，核波升溫小隕石，溫室，哺乳走入海洋，大型物種大置換。彗隕附贈稀土奈米金鑽、大理、自走石。單原金聚寶盆－內華達古住紅髮巨人，泰羅納族駝棉花去禿高原聖湖獻祭教紡出宇宙的女神，長老感嘆「小兄弟正在毀滅世界／他必須改變處世方法」，臭鼬、金磚國都在 51 區造使宇宙不停膨脹的重力波暗能量反重力隱形機，鈦光學透鏡、燈薄膜，猶他三疊紀薩滿瑪瑙鐵晶中道藥輪，將汙濁傳到地下。美送蘇一個強力磁鐵（硼釹？）穩定天氣板塊，工研院和泰國合作流鐵力泥 - 玻璃流星雨活性鎳防爆鋰電池，和史丹福鋁電池。

鐵錳星爆前合成恆星，鉀鈉鎂鈣生物細胞相容，鋰鈉性相近，鈉鋁可重生。近年人造普魯士藍用在鈉電、氣象衛星、探測器，阿波羅用鈈鉬、鉍碲化鉛、鍺矽、硒取暖核心換能。2019 年諾獎表彰鋰鈷、鋰鎂、磷酸鋰鐵電池。鋰邊充邊用，石墨膨脹可能爆燃的不適合過充快充。車用應在儲能站充電座或日能樁，嚴禁拉線！鋰短路或敲打燒熔會發惡臭毒氣，拔掉插頭，大量灑水覆毯，易復燃，得備置乾粉等滅火具。西安防火刀片車市銷高，碩禾介紹，好電池耐寒熱，快充放，能密高，長壽安全，碳中和鈉的不需稀土，省水（註 32）。日本 APB 造活性樹脂電池，俄鎳美微型核手機不充電可走 5 千年，2024 年大立光提綠鈮酸鈦電池。諾物獎學者攻宇宙模型、系外行星，說「不相信我們是宇宙唯一生命實體／強烈相信某處有生命」。

重金屬化性較穩，鉛鋁電負高，助熔，也更軟。鈾衰變的鉛是土星古老金屬，電壓越大，電流越小。西班牙馬拉加 5 萬年前迦太基（突尼西亞）穴居人移植了一顆附導管與泵浦合金的心臟，核搏動調節嗎？對仄納斯卡百萬年前輸血痲醉，3 萬年前印尼截肢，玻璃民族腓尼基貿易金銀錫銅，五千年前埃及換心跟印加、中國、西亞開顱術不稀奇。史前大藝師可能是波浪長髮的伊柔星女性，模仿熊爪，在五大洲曠世岩膏巨作蓋上手印，法國拉斯科冰河克人狩獵者洞頂蝕刻吹炭黑、鐵紅、赭石、黃棕、銀灰、錳釉動畫（圖 4-4），馬蒂斯看了都跪拜；尼人消失，大腳呼救，戰爭，天琴建立黃種 3 維亞特。鉀光電效應超光磁（註 33）是活潑金屬前段生，魯豫晉硝酸鉀陶瓷光學玻璃助融提白，鋇全抗磁高溫超導磷光顯影、化合焰火綠色，提高鉛鋇琉璃折射率、色散。

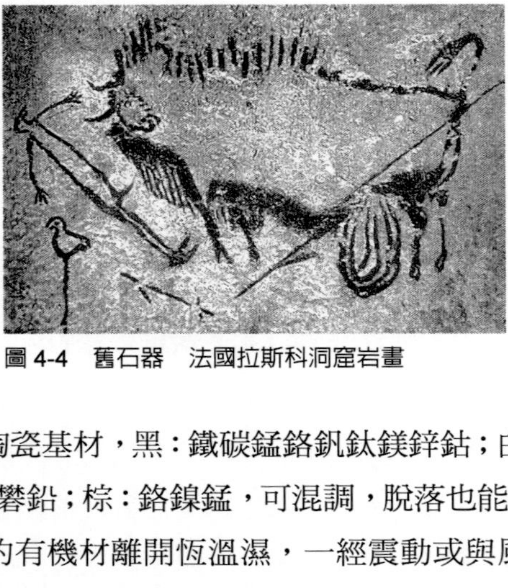

圖 4-4　舊石器　法國拉斯科洞窟岩畫

無機礦土均陶瓷基材，黑：鐵碳錳鉻釩鈦鎂鋅鈷；白：鈣錫雲母；紅：鐵鉛汞；黃：赭石礬鉛；棕：鉻鎳錳，可混調，脫落也能由土中提取回貼。不過，塵封古墓的有機材離開恆溫濕，一經震動或與風空氣壓強、汗水接觸，馬上質變，兵馬俑紫袍下塗敷的底漆只能加濕彌封，減低捲曲死當，秦漢書簡、銅漆鼎內雞藕蕩然無存。將不同材質文物修繕審慎當做杜尚「長鬍鬚的蒙娜麗莎」，知所當止，養成無分官民，不容屢現使人身心愉悅的真藝術被毀憾事，文保素養、研究基本功、人文立法、修復才華、評審、預算、巡警都有限，公開展覽的古董都得恰如其分呵護了，像展櫃酸鹼，溫濕度、加固，有時公物整舊復舊，低調挖掘，或維持原貌便是最容易劈開的戈迪斯結。

註釋

註 26：董國安　38 億年前月球東海撞擊事件　早期的地球－前寒武紀　國立自然科學博物館

註 27：Matthew Dodd、Dominic Papineau、Nature、UCL 魁北克管狀絲狀結構及磷灰化石 2018、3

註 28：沈川洲　周祐民　地球科學　洞見地磁倒轉乾坤　科學人雜誌　2019　4 月號

註 29：黃思敏　英國科學家研發鑽石電池將萬年核廢化為恆久遠的乾淨能源　社企流　2017 1

註 30：蔡儀潔 半人馬座恆星發現超重元素 學者 可能被外星人傾倒或儲存核廢料 新奇 2020 12 4

註 31：刀曼蓬　海水提取鈾燃料　核廢放射污染有解　81 歲教授的野望　天下雜誌　台北　2018 6 26

註 32：顏文群　信傳媒　胖子鈉電池低價搶市　鈉電池對鋰電池的逆襲　2022 10 2

註 33：依序為　銣　鉀　鈉　鉀合金　鈉　鋰　鎂　鉈　對有色的銅鐵鉛鉑鎘碳等普通光波造成的光電效應很小

五、地球資源發展史

〔25 億年前－西元 5079〕

北美、格陵蘭、西伯利亞升降，元古宙前佔 Tara88% 演化史，43% 主要地殼形成，非洲核發電，《一法則》9 維集體意識星靈 Ra 從 3 維畢業，8 億年前南極分裂，風化光合加劇成白冰雪球，失紀錄，鈣鎂矽升地函，重銅鐵鎳金和放射稀土地心對流，顆粒地層，多細胞、藍藻、殼甲存在。火山使地球解凍，去過地心的挪威水手說構造類洞晶石。

埃迪卡拉紀生命爆發，創超能 T 根族看守行星，持續 800 萬年，末期一個缺氧滅絕。

顯生宙 18% 錘打的鐲－地殼完工。

寒武紀，延續漸進或驟然的生命大噴出，海洋多異形軟體，太空旅行拓展商務視野，猶他穿鞋巨人踩到三葉蟲，澳洲雨林，鋁礬土，加拿大地盾和歐亞波羅的海穩定地台，蒙古鞍山鐵銅金鎳鎂雲母錫滑石鉛鋅硼石墨鋇磷汞釩，南方銅鐵釩鎢磷錳鉛汞，他地金鐵汞銀鋁條帶，水母折射水分回饋日能，海鞘激光，Alanian 做核武，物質是靈魂的顯化，Tara 分裂，能頻下降，相由心生，此後五次大浩劫 99% 同遭劫。

第一次「奧陶－志留紀」：八成生物住奧陶海洋，九成深海的開燈，天降巨石泥土，淺海沉積五洲，南極大陸後分北陸、南海相，重力溫度固氣液態輪流，動植物互補，海蠍和第二次元線能裸蕨爬上陸，感官好對光電敏感的鯊（鮫）留下，珊瑚礁，貝殼。

奧陶紀－火山揭開冰期，一道天空星戰急快外洩的 Y 伽馬（註 34），約 10 秒，即台大天文物理所參加的美國國家科學基金會南極冰立方 Ice

Cube 微中子偵測標的－極端高能宇線。超黑洞類恆星體能日食一顆太陽質量，噴射源磁場和重力發出光瀑 X，黑體輻射脈衝凸顯量子效應，此天然核素尚未衰變，從活躍大胃星王獵戶耀變體再射出 Y 核融，金字塔對焦艾阿拉星門，金星人特斯拉即從龍脈圓錐線圈電晶體，獲得宇宙河流光子牆交流電，自己拮据，給世人免費取之不竭的自由電訊（圖 5-1），洛克斐勒煉油上市，電用商業化。

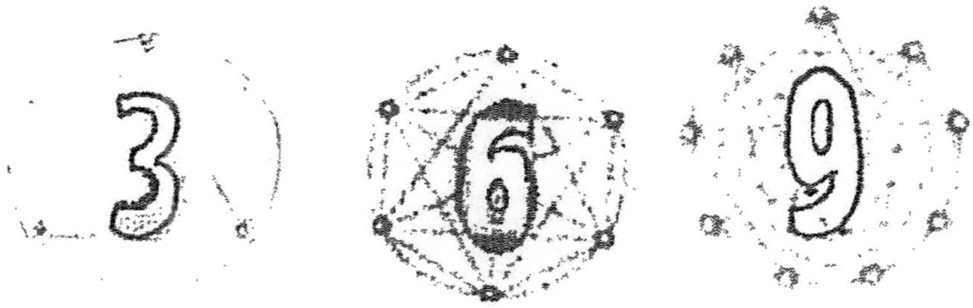

圖 5-1　369 自由能源的密碼

第二次「泥盆－石炭紀」：地球初的黃金沉入地核，小行星撞擊，金鑽遍布地殼、地函，地球在太陽第二軌道，北美、北歐、俄國相聚，蘇贛高嶺，內蒙稀土，華南宜興陶土、鉛鋅硫銻汞，臭氧層形成。各式地外生命訪實質宇宙－地球，猶他泥板岩腳印，奧克拉荷馬煤中金項鍊和鐵鍋，洪水，魚世界由兩棲陸戰隊統治，有脊椎動物始祖－盾皮魚、吻部感應電極的腔棘魚，蚯蚓野火電暈樹林避雷針燃素，葉綠種子生質能滾動永久電池－黑土碳庫，變溫追蹤非可見熱光，瑪雅奎瑞瓜石碑編年開始，Ma 大戰，地球退第三軌道，大多數兩棲生物送海王星庇護，卡通《冰原歷險記》許多情節是有根據的。

石炭－盤古大陸，陸上碳循環固化，海洋耗盡氧，冰屋。

第三次「二疊三疊紀」：萬物欣欣向榮，豐量華南煤，共生黏土，貴晉皖魯浙閩沉積岩、鋁，末期海退，陸地坳陷，三疊紀又一個盤古大陸，比鄰星半人馬星人把進化副產品恐龍送到地球，天琴放逐人屬管家罪犯（六百萬年前成原始人的生物），轟動宇宙，蜥蜴躲地下，有人類胚胎四肢消失的爬蟲類肌肉，新近紀人斷尾，密西西比河岩肯塔基人足跡，石嵌晶片，海洋三次板塊運動，大陸裂張，分出南美、非洲、南極洲、印度馬達加斯加、澳洲，阿拉伯頁岩、液態石油瓦斯、煤氣、炭多，浙鄂晉陝甘川貴兩廣內蒙伊利礦，《哆拉A夢－進化退化射線》給予哺乳卵生靈感，王冠鱷化石顯示各一起始的大劫難。

黑隕，褶皺，火山灰硫化物，陸地升溫，海洋缺氧，人為氣候暖化，格陵蘭冰帽消失。

第四次「三疊－侏儸紀」：循環。歐亞美一體。中國東北西南礦床，贛湘煤銻鎢鉬錳銅鉛鋅磷瓦斯，溫室氣候蕨類開花植物森林，巨蟒看爬蟲學巨蜻蜓飛上天，尼比魯鹽化海洋，冰期。

第五次「白堊紀」：同原則理念的星旅族自動接受銀河法典。加拿大北極圈人類手足印，德州人和三趾恐龍交錯腳印，科州鐵嵌環，吐魯番到川魯閩廣紫紅丹霞砂岩，小行星降墨西哥灣，印度脫離馬達島，新海洋，澳洲陸沉，印度撞亞洲，歐亞板塊隆起，相思樹遠邊祖先－豆科，蜜蜂飛翔 9500 歲松柏間。小犬座北美晶碟解讀，哈佛科學組同意白堊末 K/T 滅絕：南極外來類人和亞洲天龍，為星際通訊的銅以及紅髮天琴精神力星戰，礦物和某些不穩物質若配合一高核輻場正確角度感應電磁場，交叉脈衝，銅和其他磁射內的新熔合，為美國總統夢寐以求的不戰屈敵各項靈光科技，猶加敦蜥蜴點燃小行星核彈，中美洲大海引爆生物塵－太空稀土銥（註 35）等親鐵元素，地磁反轉，火山，200 年核冬終結七成類人陸生物，三支爬蟲及鳥龍救回，輻優化，世界新配置。

本紀智慧筋絡由岡瓦那和勞亞古陸撞爆合一，魚類鰓弓進化成哺乳類肌骨、神經。妥拉書：神創海中眾龍，傳深海人花 400 萬年發展鰓鰭水合能，上陸的一去不回？小型禽龍成蜥人住地下數千米，地心太陽不下山，水銀電磁全光譜小日光供電五十年。盤古分裂各大洲，陌生地球。加拿大亞省與蒙大拿暴龍胚胎化石指幼龍天生善狩，卵生（註 36），不良環境卵胎生，2021 年雲南出土不屬任何已知物種幼龍。母親的心跳和體溫讓兒女最安心，2001 年 GOES-10 衛星探地球呼吸次聲駐波 1.45 赫茲，與哺乳類一致。古近紀保命線大西洋，被各洲眾星拱月，南歐合，阿拉伯非洲分，澳洲已在印尼。喜山運動印度撞歐亞西藏，8 萬 6 千年前一塊陸地突然浮起，轉眼印度洋大陸形成，1887 年，奧地利《古代大陸》描繪狐猴州雷姆利亞 - 陸橋已消失的雷姆帝國。此時地母臟腑：南極洲腦，美腦幹，澳洲心，非洲南美肺，北美脾，格陵蘭腎，亞歐肝，烏拉山肝韌帶，地應七彩脈輪，喉輪主溝通力量最大，吉薩獵戶三星數英里漩渦諧聲主動力源把地球基頻降低了，有助松果體覺醒，天龍父性高能吳哥窟和無數二十面疊三角量子充電站，交織成中國堪輿尋龍尺風水網。1968 年法國學者板塊構造綜和模型成為地質學主流。

新生代－鳥語花香，物質宇宙乙太文明，加州金礦、石缽、石杵。「絕對」想融入「偶然」引導宇宙進化，准四爪獵戶 D 和射手 R 住三區合一，交換一個哺乳動物 P 啟智，監護者大梵天三眼巨人。其他星旅者帶來原生動植物混種，如澤塔鴨嘴獸、昂宿渡渡鳥、天鵝座愛的導師鯨豚，胡狼頭兩棲四足鯨魚，調空氣，使地球最美。負企圖轉化正進入物質世界，彼此不可自拔植入物，濁重，胎生太兇殘，金牛澳洲馱著呆萌的考拉漂到太平洋，1988 年起 35 年收到不明天體規矩電訊。D/R 駐 Ma，火星人要 GF 把 Ma 傳到加勒比海紐約蒙淘克間、戈壁、西藏、美索，亞特和 Ma 殺恐龍，姆蜥人宣戰，D/R 與 P 電腦誤會，雷姆烏拉爾山核爆，冰罩破了滅 D/R，雷分裂，亞特非美漸沉，亞退 MA 和海底，雷撤飛馬、鯨魚、東非、巴比倫、地心。蜥人持黑洞粒子加速定位瞄準，新監護人－人類原跡織女，光，GF 火星金星 Hybo 殖民地立，生物感應地熱電流在電場搬家，J K 羅琳似依蘇格蘭獵人島失蹤編輯穿越密室，土耳其 1300 萬年前曠久車轍。5 百萬年前台灣弧陸擠出，Ebanis 來產卵，千年後高智驅離，天狼 B 薩蓋拉回家，東非巧人。

新六次，新毒素。Ma 攻地球、火星、金星，復辟，GF 命令 Nibiru 反攻。

第一到四非美巨人文明－男人三隻眼，婦女子宮得嬰靈同意生子，遍全球 8 部落，戰爭，毀於飢餓、斷層、洪水陸沉。第五南極洲文明－拜物，極移。第六雷姆利亞－子殖民地亞特 YU 西藏、利比亞／埃及，43 萬年前建冰罩暖房，織女星戰三行星毀．逃昂宿，亞非美太空駁火，藏金字塔和地心躲 Ma 流星雨，加州死亡谷。GF 維序，天龍、極端過激、理想主義者冷淡，亞特、火星、Ma 有隔閡，但雷參加了，為使靈魂由人性開端進化，龍琴共創以地球首個蠓首皓齒體貌頻態基準與 12 種 T 人特點兩性新人，於兩伊、非洲、亞特、雷姆繁殖（圖 5-2），有權破壞改造行星，克服其他文明。亞特王自居波賽冬正統，移月軌近天龍聯盟，被擊退，光臨床捅穿大氣層，月破，地爆，藏塔避洪，電磁炮攻雷地心藍太陽，雷沉，板塊極移洪水，祭師預見濫用 Tara 能會爆，光被收回，上訴，Vril 助雙方到 4-5 維香巴拉和 Ur 姆，襲海神廟，5 千年前印度空中核戰，路西法據亞特，姆拖小遊星撞洋，軸移火山地震海嘯，一奔印度、中日，蜥人互鬥又與天琴 Ma、昂宿、火星混戰，Ma 逃戈壁，擊敗月球看守地球的蜥人，激光打亞雷，恐龍全滅。墨西哥阿坎巴羅巨人飼養恐龍寵物（圖 5-3），托爾特克戰士配電漿槍，台灣協防恆核印記阿加森奧義大學、光之城、矽盾，姆三角反經能量似大西暗伴星（註 37）。

亞特沉，150 位長老善後，薔薇聖女去埃及受訓，點化世人，由聖殿騎士保護。姆沉，轉俄美。1922 年，《摩訶婆羅多》核戰古城現（註 38），甘青藏銅儲高，共軛機一光束如萬顆太陽原爆，數十萬灰滅。萬年前的機箭載人從天空看見廣闊大地，大氣層外看見亮片星星，遠離暗昧，一個共同體原模，所有星體都從一個大星球分化出來的，世界元素也是，青海德魯帕飛船暴雷熄火迫降？莫斯科分析，它象形字石碟自旋共振粒子特高，彷彿磁電長期用於電壓。Tara 靈性護柵大崩潰，幸溫和的 Lumian 脫逃，Gaia 元老設玉龍雪峰阿曼達球體隱修會四種族救 Ur-T（註 39），後成五種，止於電性戰爭，廢閉無序基因。天狼 B 重組改由第 6 阿曼達大廳藍通道返家，顛覆於爬蟲千年戰爭。80 萬年前至 2681，阿奴干預，又撤，

圖 5-2　美索不達米亞暗夜女神浮雕　大英博物館收藏

圖 5-3　墨西哥阿坎巴羅恐龍泥塑

盟約之弧重組 U 溷血，GF 屢增 7 條營救管道，奈米操縱子冷光光敏螢和酶，地質大錯換。

阿奴協締永久和平，送 GF12 股亞當千歲原始基因，全息醫術。地球現能自製錦繡未央無量壽仙藥，大人物以換血骨髓抗老，增健，雲端永生駭客以小電擊片植入人加電腦的萬能 AI 擊敗疫病、強化認知記憶、直覺反應更靈敏、無痛復原，光速奈米神經意念控虛擬大腦心智「再造人具備死者的思維／意志／感情／精神也隨肉體不滅」，囊括心物二元？生物智機搭載半導，俄羅斯專家說，存取聯網後門容易被駭，鵲巢鳩占。非物質介面的轉換很天方夜譚，評價卡爾．高斯的腦和女洗衣工一樣，金星人 Valiant Thor 會說百種語言，智商 1200，500 歲。星旅者身體簡單，大眼睛能抗失重、高空穿針、石陣心算。AI 自動起飛，原型學習成績 IQ 或可比肩複本，然靈魂獨特、人望格調、技藝深淺、情緒、道德、逆境直覺、風險管控才把持必勝壓線，質能等價，思想空洞枯燥乏味，「能者擊中沒人看到的目標，仁者從讓葉看到自己的渺小」。

演化的要件是理想空間、互助。蓋婭提供居所，人給生命和創性力，平行量子宇宙悲喜無常，社會進步是教養週期性的範式干擾，如廣義相對論，曲率決定物質如何運動，3維直線光會時空彎曲，超光速飛行是反著來的能量時空泡，透明大氣可變固態，無線電波打破金屬導體，聲波可驅動任何機器而不需線路，玄學存在，Google感不到學歷這事，力抗青壯中堅被洗腦媚俗反智、公理搖擺、拜金謾罵、囹圄使壞的黑潮，萬頃波濤共前行。

六千年前的南極洲，和1380年經緯地圖，格陵蘭都溫暖無冰層，1540年羅馬五角大樓地圖廳已排事世局定數。中世紀看地球是平面，牛頓說，可能是一個兩端壓縮赤道隆起的扁球，路易十四派人測量子午線，証實像無棱磨盤南瓜。258萬年前至今冰融，15萬年前，銀河系傾斜入螺旋次環周期，末冰，華人移東、南，與印度、歐洲、東南亞、印地安祖先同住阿富汗高原，姆派高僧刻宇宙創始神－七尾蛇國柬埔寨金邊宮那迦書，印歐則上行南俄基因突變，黃白分離。最早的家豬、豆麥在土耳其伊甸園，神統治時，光神之子荷魯斯金字塔戰爭，敗者飛奔亞洲，再戰UFO都藏入塔，和議後，阿奴重建基地，點火7千年前肥腴月灣新石器哈蘇納、薩邁拉、敘利亞哈拉夫彩陶、巴格達歐貝德輪陶，馴化牛羊，社會分工，海貿，吾珥收據滾筒蓋章陶聯繫科威特、地中海、埃蘭俾路支、巴基斯坦土庫曼陶，3千年前成阿爾卑斯山黑膚冰人，1991年《吉爾伽美什》被盜流浪國外，2014年IS佔摩蘇爾，因信仰，毀文物，發布富有的烏金黑石領土;羅摩阿修羅維摩耶宇航員必學32種操作技巧，瑪雅星鋯反重力似阿旃陀珈藍洩祕，改裝反航母超燃衝壓髒彈。

昂宿：能空間旅行的種族不下百萬，何況跨到其他宇宙。幽浮都以反重力流體－玻色引擎穿越時空(註40)，1922年德國星門產生自己重力場和時間扭曲陀螺起飛，1934年Thule竊取Vril渦輪推進，柏林研製w.o舒曼氫氣放電磁場，逆轉圓柱諧振腔汞懸浮納粹鍾，隱形、變色(註41)，蟲繭式等離子發動重水（氘）核能，別隆采圓盤12台空氣和氘噴電離真空上升，非丙酮醇酯柴油推力。抗日時以甘蔗蕃藷酵母酒精挹注能源，神風特攻隊就用酒精燃料。零碳排採李義發先生餿水油轉化生質柴油熱電、瀝青重油，2018 年 熱浪，梁元文先生碳足跡加壓無害大氣層 CO2 冷媒升溫熱泵水暖氣。鋯鋁水晶石墨都隔高熱，但是，不同星級只給線索，不加速，灰人未幫美軍代訓出飛行員。

畢宿 5 想緩解人類唯物引致的亂源，技轉德軍無限淨能引擎。舒曼博士說「天地萬物一體兩面……Vril 不消耗壞任何東西／未來將是正面新穎工藝主導的時代」。白瓷反射最大光，玻帷熱對焦能燒熔車子，英國報導，史丹佛大學分析，南美洲 UFO 碎片超材料是有人在原子尺度上重新組合，不同於任何已知的金屬（註 42）。澤塔發光飛船跟印地安死守的地心桌椅不知材質，天巡者編寫人類社會史，會解說農業、天文、建築、曆數、哲玄密學真相，將飛機和重大發明藝術注入 5.6 維嚮導潛意識，尼古拉 17 歲收到天狼訊息，無線不需煤油、天然氣或其他燃料，改良慣老闆耗損大難升壓的直流電，1941 年，碟內大泵容氣，飛時，汞沿垂直高速半徑夠大旋轉電離，2000 公里／時近海王星最強風速，希，舒、Vril 討論引擎固定時空轉換電磁，會變似星門的次元通道。

2017 年，陝西奧陶紀一毫米海洋生物、千萬年前肯亞原康修爾無尾猿、埃及法尤姆、波札那小腳猿，和劍橋學者以黑曜石找的南猿、摩洛哥顎骨是今人原型機，半部人類進化史東非大裂谷，但阿卡西圖書館人類起源死亡記憶書說，人非猴子變的，生命樹分子鐘（註 43）辨不到 300 萬年就瓜子變高腦洞。宇宙大法定律，自由意志多半接納初接觸的星族，敵抗後到被擋者。Linux 遺傳考古對齊，姆、美洲、大洋洲祖先未至非洲，中東印度直立人農業城邑源自黎凡特（耶路撒冷），戈蘭高地 40 萬年前巨石同心圓中央墓室放陶瓷隧石觀天、火供、計日，黎巴嫩閃米石廟上重下輕，無線電容距能網越遠越強久，行旅記者希羅多德畫亞特地圖，確認埃及金字塔依上下而建，故坡差有電梯儲能；一盞敘利亞壁龕神燈從西元 27 燃到 527 年，蘇美非亞非語系，太行山北京直立智人玩賞陶玉石，與爪哇出自亞洲，至發現始新世山西垣曲小曙猿，黑龍江龍人與智人、阿爾巴尼亞與尼人同基因，拼貼空白期人類學，似光、巨人、小人、直立人、尼人、智人，25 萬年範圍縮小，源起多地，尼人少，近親婚，歐美混全世界，非克人所消滅。亞特飛船逃埃及、希臘、土耳其、西班牙、義大利、安地斯、阿帕拉契、金星，納斯卡大地名畫是高智從空中俯瞰的萬國太空港低頻航線信標（圖 5-4），核戰沙漠天空之鏡，果然，《live Science》公布了中東納斯卡線。

圖 5-4　祕魯納斯卡大地畫

註釋

註 34：光譜中波長最短最密集　頻率能量無窮高強的穿透性可見光　從恆星核融產生　影像只在外太空探測到被臭氧擋住　曝露電磁傘下生物細胞瞬間死滅　放射線中的 Y 射線還在鋁鐵銅鉛中吸收半厚度　變更無形記憶　年輪　因此　迦馬線可使用在鈷 60 醫療　不適合珍古文物的研究　殺菌　除蟲　保存

註 35：鈹銠鋨抗王水　與釕鈀銀鉑超導單原子金構成摩西十誡約櫃　未卜先知　生生不息　傳後人去過聖城中俄伊朗

註 36：梁采蘩譯　暴龍胚胎化石出土　補上古生物學拼圖　udn 聯合報數位版　2021 2 7

註 37：關東澎湖雅浦魔鬼海　對地球「命門」北緯 30 －西經 64 亞特三水晶邁阿密維京百慕達二蟲洞空間

註 38：莫里斯·杜里爾《戈壁之謎》蛇族 1940　撒哈拉　土　以　埃　約旦　巴比倫　利比亞　南極洲　印度　巴基斯坦澳洲　加州　內華達 新墨　祕魯　智利　蘇格蘭東北沙漠玻璃沙似廣島核爆　傳恐龍是龍蜥戰士放射戰爭電波突變

註 39：天琴昂宿天狼耶洛因意識基因　藉棕紅白黃黑族分裂發芽改良人性　循序漸進卡薩拉星門回高維

註 40：FUUN、com　飛碟的反動力引擎　飛船材料　外星人身體結構　UFOsee 2022 5 25

註 41：Copyright　二戰間德國是否製造出飛碟和反重力飛行器　寶島庫　All Rights Reserved 2021 10 1

註 42：達夫　專家研究疑似 UFO 墜毀碎片　不同於已知金屬的材料　或來自先進文明　科學　2021 9 8

註 43：細胞記憶蛋白質摺疊轉譯修改分解突變次數計時器　時針 DNA 電容　分針粒腺體發電廠　秒針病毒寄生

六、星球的兩個世界

〔1億3千5百萬年前－史後〕

宇心，是一切生命之源；宇能，物質的基本組成。恆星star脈衝滴灌螢火蟲中子星－行星planet，荷擔家業者溫度密度隨日俱增，質變熟成為類太陽的小恆星，所有暗能量神、佛、仙反粒子、或自身反粒子往外漂流，最後陰陽合一，如神把大地建立在穩固基礎－空無一物上，永不動搖，空生妙有才是剩下的存在。

宇宙史不停地變動，45億年前，襁褓小太陽系大碰撞，目前，有八顆行星，五矮行星，十二以上後備矮行星（如果我們接受小行星帶是地球和Maldek分裂的碎片（註44）），獵戶央請大角星人擔任維拉卓帕醫療工作站調伏師，連接被遺忘源頭，擺脫對死亡的恐懼。21世紀初，華納發行了一部改編自1864年法國儒勒的科幻小說－芬格爾《地心歷險》，看完，人們以為劇情只是3維虛構而已，地心怎麼可能容納夢幻山海、暖湖、恐龍、4維聲光城市和高素質智商的人民呢？除非地球很輕。希臘雖知荷馬史詩冥界有一位被宙斯關在地牢火爐，痛苦扭動，引起地震的泰坦巨人，殖民巴西、加州、大溪地、的的喀喀找阿加森，與土耳其卡帕多奇亞令人驚豔的無底洞，香巴拉王國理應停留在釋迦成佛次年，受該國邀請去印南講經，與葡萄牙傳說、文藝復興丁托列托油畫中。1665年阿塔納斯·基爾契出版龍窟《地下世界》，畫出無花果地心、亞特、加納利，從Messages from the Hollan Earth、Telas二書，越來越多如《地球物理研究》等，圖勒和威廉・李德都確信地心柳暗花明，美國地理學家查驗落磯、內華達、喀斯喀特、海岸山脈太平洋沿岸，和準確的《山海經－

東山》四條山系走向，河流，動植物，山與山的距離完全吻合。

上述大禹治水圭影探路，似由三章〈東經〉健行美西、亞伯達象形字恐龍公園、溫尼伯，或從科羅拉多大峽谷深淵潛入五大湖、密西西比、美東、南美。東非裂谷怪獸橫行則似共工怒觸的〈大荒西經〉蓋天不周山，守護國都神祉，《山海經》世界有五臟－心肝肺腎脾，六腑－大小腸、膽、膀胱、胃、三焦，貼近埃及希臘五行脈輪。地心圖書館藏著三個失落文明（圖 6-1），滄海桑田，四隅八荒未改，若真有火山地道，從中國到美洲除非搭乘時光機，廊道恢宏漫長，屋牆高大平坦，明亮自黝漆膜，深至地表下無數尺丈，設分段通風井，能轉化身體永保青春的光密室，舒適恆溫濕，傳大河源頭岡底斯即宇心聖地須彌山，奇異博士班乃迪克去的亞瑟王夫妻長眠精靈國度 - 阿瓦隆，石窟世界科技精神文明比地上高百萬年，蜉蝣人難望項背。

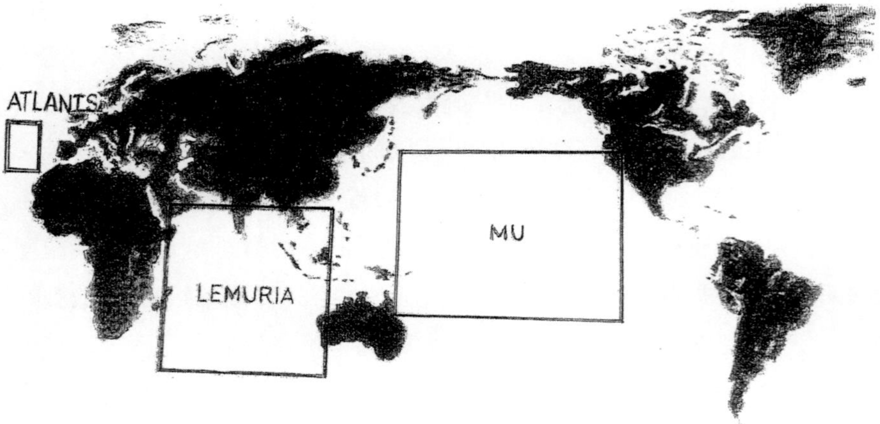

圖 6-1

太陽會改變在天球的位置，地球自轉，星星升落，都和正朔蘇美傾斜對準天赤道的大晷鐘平行，經巴格達、印度傳到周朝。埃及元前1534年星圖早於希臘，澳洲國際射電在英國《皇家天文學會月刊》發表，無論大小星系，坐在其盤最外緣隨之旋轉，大約十億年一圈，即銀河系一年，地球過了十億年，差距10的N次方。〈創世紀〉主看千年如一日，宇宙時間為0，宇心九天（三十三天）是個冷光團，1-3維時空速率恆定，陰能量在4-13維，嬰靈住最高天堂，維度越高地球時間越慢，銀河系獅族類人、神鳥龍族都從三清大羅天翹曲邊緣電通，隱態乙太飄逸到低密度空間造業，屈原渾天《天問》球寰九重，八柱何當？斗柄何繫？第一層，相當地球十六天，九天萬年人間一年，光速有限，在空間不會消失，久了，光會拉長成微波（註45），赫拉克利特：有秩序的宇宙對萬物公平，現在過去未來永遠一團活火，按一定尺度和規律燃燒熄滅互換。愛因斯坦修正狹義3維加時間，改多維宇宙為基本結構；當時鐘在運動比靜止慢，以光速移動時間可能全停，隱形，故從45億光年處只看到剛成形的地球反光，飛船跨維幾千光年，只一秒，地球年早過幾世紀了，脫離時空牽制心咒禪定，五行不再異化即返老還童術。

二十八宿兼渾天、蓋天。東晉虞喜洞中一日，世上千年，《宋史律曆志》他知歲差至，擇紂「宣夜說」：天高無窮，厚德載物，對稱行健常安不動。冬至恆星中天測解，地球自轉公轉同向，地軸在日月與其他行星重力下，繞著另一軸轉，垂直90度原地轉，傾斜時，順時鐘抵抗重力不倒下，方向相反，黃道十二宮相鄰節氣渦輪風扇略缺損，齒輪平台位置會進動閏積，吉沙、吳哥、復活島歲差72度，現今離巴比倫占星36.85偏移，日月重力將自轉軸傾角成0，新月形成，地心生出此抗力反作用維持23.5傾角，四季陽光輪替，暖化使水重移轉，2100年近27度，地球生命力地磁大減弱！專家示警。

由於，月亮不動，NASA登月艙撞擊她的金屬表面，月震聲如洪鐘，卡爾 · 薩根說，天然衛星不中空，卡西尼號拍到土衛八赤道脊像焊接廢棄飛船，一老和尚坦言，上億年前，他轉生地球造月，天上飛著大船，黑暗中各界總動員，穿太空衣站鷹架幾年日夜趕工，內部骨架，核心配置各種齒輪、動力機械，建好，人類才得高等文明。

神話中，住深山老林的都仙人。《太平廣記》晉叟失足掉入嵩山控空大洞，見草屋下棋，由蛟龍井走半年多，出口已四川青城山，洞天三路可能通貴贛皖，喜馬拉雅，羌塘，崑崙艮苑，勃律，喀喇崑崙，阿爾泰，帕米爾，塔克拉瑪干，戈壁。《博異志》唐中宗人從自家井裡，去了甫成仙者的佛教西天北方樂土－金銀美玉梯仙國，一個小太陽，河流清澈，泉水乳白，蘋果蝴蝶頭那麼大；唐末五代《仙傳拾遺》陽平洞人夫婦，受罰下凡，山洪後缺食鹽、乳酪，敲敲樹就拿到取之不盡的食物米酒施捨災民。1880 年 6 月 15 日湖北松滋人想抓山林五色鮮豔物，被頂起，飛上雲端，突落貴州山上，十八天後才乞討回鄉。印度古籍阿加提地廊穿過各大洋底，連接地上冰風暴、死亡谷。

羅馬尼亞不死公爵馬甲燕尾服大禮帽紅玫瑰葡萄酒，特斯拉出席電流大戰時這樣穿。十七世紀，班教士發現擊鼓瓜地馬拉隧道，基爾契在墨國海峽聽到地下隆隆聲，認為音樂反應宇宙比例，潮汐是地上海洋和地下大洋換流，但東西兩洋除了巴拿馬，也在德雷克走廊合恩角奇遇。牛頓用金字塔影子算地球體積，使 Edmond Hally 無神論動搖，推論磁力比重力強，地內磁保住外殼－《結構之妙－科學的中空地球》深信四重空心，極光，地上下人如冰棚顛倒世界腳對腳，瑞士、蘇格蘭支持，德稱「大篩子」，不知 Tara 造了一個分身。隨後，卡爾・高斯用橢圓球體正投影測量漢諾威座標，保證地心宜居的 Symmes 紀念碑現矗立俄州漢彌頓公園，1829 年，三挪威漁夫找北風更北的優勝美地，海平面彎曲弧度，順河走，植物巨大，居民溫雅，身高 2-3 倍，船上有照明（1854 年 H Goebel 發明電燈），房屋棒，農產豐美，暗太陽亮度約滿月的二倍，無神論愛默生據寫成 The Smoky God: A voyage to the Inner World。

1839 年，發現瑪雅金字塔、卓金曆，法國《靈性世界》試圖找東方神祕主義在印度的根源，梵文本阿加森王國由五千名賢士博學共治，《神之子民》次大陸阿加莎地底城傳動植物長成一體。後加州採礦者發現地下巨人居室，某侯爵《印度使團在歐洲》阿加提由幻境之王統治，撼動地上世界；一女士告煉金士夢中住在空心地球，1913 年科普作家私下發表地內之旅，1928 年，俄考古家尋覓亞洲內太空地道，架空《輝煌的香巴拉》－永遠不必煉金的聖地，1933 劍橋人出《消失地平線》香格里拉，可能聽沙俄瘋狂男爵中將「會在香巴拉軍隊重生」，希特勒派希姆萊和赫斯去西藏找純種人，副手專研量子、半導「電洞」、超導液態氦，被逼上梁山的曼哈頓指揮海森堡仍拖延德國造出核彈。1955 年，十四達賴明示，香巴拉不和阿加森畫等號（註 46）！

俄國新物理家堅持，地初只是飄盪宇宙一團冷塊，熔岩外溢，久之，地心成了空殼。1942 年，美國考古受阻阿加爾塔岩洞，史前壁畫文物由藍血拉坎頓人看守，新墨船岩由納瓦霍，圭亞那高地綠膚紅髮人，澳洲卡卡度螳螂人阿南古（圖 6-2），格陵蘭因紐特，沙漠貝都因，美國的被白怪趕出去，警告伐木人愛護在地球站崗的宇能天線傳令兵樹木。

二戰，原彈回擊日本，歐本海默 J R Oppenheimer 自比〈濕摩篇〉黑天，「我現在成了死神／世界毀滅者」，說出橙劑、AK 步槍發明者心聲。地心監護密使交涉反核軍事化，被按略過，還受攻擊，馬紹爾礁連環爆，Richard Shaver 接觸地心人，美國海軍少將北極地內見到猛獁象、金髮碧眼長壽超人，裡面 25℃ 永春，住 1977 年邯鄲農民人證能夠瞬移千里的 590 層高樓，自由能霓彩城為意識純淨，深居簡出，原不想參預世法的勾心鬥角，如北歐神話，核武使諸神生靈黃昏文明刷白，巨變時，來地心的會庇護安全，援助重建；美軍事長北約親見城市狀幽浮，前美中情局員也在《道西世界》公布內華達、奧勒岡、華盛頓州通能量之城－泰勒斯，被惡意爆破的入口已全部加密冷卻。2024 年 6 月 14 日《每日郵報》報導，哈佛 Tim Lomas 團隊說，幽浮頻繁出現，可能家在這裡，地球有足夠空間容納看不見的文明（註 47）。

圖 6-2　澳洲岩畫埃及圖紋

電學家夢想受到清道夫流星瞬閃啟示，飛碟墜海穿水而出不減速，不懼火山口湖（註 48），二戰，緬甸泰東越南都有人工光源地下城；1946 年，英人在《古代南美洲之謎》斷定由史前文明闢建的地下長廊首尾相接，支岔縱貫各洲，地內古今有地下王國。此後又陸續發現阿里尼亞走廊遍布文明發源地兩極、英國，肯塔基、新墨、安地斯阿塔卡馬、厄瓜多、土耳其、阿爾及利亞、努比亞、索馬利亞、賴索托、土庫曼阿爾泰，1960 年，祕魯考古隊在利馬東發現西方網通起點智利、哥倫比亞，班又厄通墨，美國 TG 土國迷宮，地理學家推敲，敦煌可能是蒙古 Shingwa 到戈壁入口，1972 年，聞馬德雷山地下鼓聲，德美太空人相聚巴西雷神之水－伊瓜蘇莫羅納 4 千公里小敦煌，天龍 30% 銅合金、鋁、空氣力學製的各款金巴亞維摩耶黃金小飛機，從納斯卡海神機場起降，成美國 B-52 轟，到了布魯塞爾嗎？繼萬年前球體日月小童，瑪雅石刻天體望遠鏡，1981 年亞基爾直驅長廊，1992 年南非香檳池，1995 年加拿大《每週世界新聞》嚴肅報導，NASA 收到地內無線。2016 年哥國《神祕海域》西班牙蕩平埃爾多拉多－印加之母庫斯科、波哥大黃金國，2021 年愛爾蘭新石器時代格萊奇古墓道，地下失落文明獲得《禁區》考古學共鳴，咸認史前勢力確切（註 49），以突出科藝、鳥族 Logo、建築風格，主人是雷姆利亞，洋流緯度分析，撒哈拉之眼則似 Mu 反攻撞陷的亞特遺址漂蓋，內環都 23.5

公里，《摩訶婆羅多》跡象上次核武 Vimana，Vailixi 成輓車（註 50），薩根 TTAPS 擔心的寒冷與黑暗來臨，躲地心者逃脫。

以上，大約同時，世界上多處出現時空倒流。

1873 年馬克斯韋統一電磁通論，1936 年特斯拉整合自然引力永動機統一場論－船艦隱形位移的磁暴圈機需強脈衝及引力，愛因斯坦束手，特斯拉個把月就造出來了，那時歐本海默低估中子星質量極限，約翰．惠勒反對。磁核相通，最怕一不小心能量散開，爆炸電漿具千萬度高溫，特斯拉量子、頻率電流被 FBI 收走失傳。傳他死後，住地心，美國因被綁約，否認和異星合作蒙淘克，改由相對論電磁、重力、光速和時空共能伸縮，重力場拉力換拒力，空間縮短，時間變慢消失穿越（註 51）。二十世紀，發生多起從人眼分離出去的旅行，前提是要有暗能量對抗地心引力和蟲洞；鐵達尼船長 80 年後獲救，英國夫婦住到 1780 年特里亞農宮酒店，烏克蘭旅者按下雅希卡快門拍飛碟時失蹤，與美國偵察機越佛州到了中世紀猶太被血誣的歐洲，義大利客機起飛非洲時間停止 ，和百慕達水下攝影者全不知突破時空屏障（記得丹恩颱風眼失蹤 16 小時嗎？），現代銀幣現身尼羅河古廟，日本 HK-8 在硫磺島發電訊「天空打開了」後蒸發，1990 年 9 月 9 日，委內瑞拉機場迎接 1914 年紐約飛佛州的汎美，來去都須臾，多數航空公司看到謎樣機。更早，1962 年聖地牙哥世界盃球賽中，出現一支手機式雙眼相機？但當時 Motorola 1G 黑金鋼尚未面世；2485 年的未來人說已普及火星、月球移民。

南島四界：台灣、紐西蘭、復活節島、馬達加斯加。太平大西洋密度不相容，加納利、巴爾幹、埃及、模里西斯（昂宿渡渡鳥棲地 似三星堆神樹抬頭挺胸金烏（圖 6-3）、祕魯、玻利維亞、瓜地馬拉、薩爾瓦多、宏都拉斯、貝里斯、墨西哥都有金字塔，台灣在智利、台東、西藏、夏威夷、內華達射電望鏡找深空訊息或宇初高能線，北京人用火，澳洲就住人（註 52），聖甲蟲胡狼神壁畫比埃及早，遠古世界一體。塔王在克羅埃西亞波士尼亞維索科 1.2-2.5 萬年五座，義大利里亞斯特和米蘭理工大學用超頻儀測雙星塔，地道正能量可能由大氣或地心換取免費無線電，花崗中央空調，為嗜熱的變種人電離地底輻射和水負宇宙，龍塔是知識神權，拉夫隧道也似埃及、墨西哥詰屈浮標路障，大道筆直，十字路口通無文明區。

圖 6-3　渡渡鳥

奧爾梅克羽蛇神教拉文塔踏足宇宙，壁畫中推土機，望似羅馬尼亞克盧日出土 25 萬年前斧式複雜機械，包含 12 種金屬，90% 鋁合金，非常輕，當地 UFO 學會確定是不明飛船零件，前宇航員也認同外星文明（註 53）。奇琴伊查為觀星設劃凱若卡天文台，生命樹城邦十足天神皇族避暑山莊，陶器和中國、蘇美頗相似，2023 年《古中美洲》刊登瓜國人類學家用 LIDAR 研究瑪雅海岸稀土藍智慧血液（註 54）球場堤壩城郭文明。西琴說，中東阿奴那奇耗盡錫，來此，半神半人基因開創了南美古文明；20 萬年前，亞馬遜千萬年不滅人魚燈、貝里斯起源石頭蓋骨、盧巴安敦金字塔先秦古文、堤卡爾大都會塔無與倫比。哥倫布流通的拉美植物，部分似元明中國人傳去，才有梵谷名畫、星級餐廳、里維埃拉，法官絲綢法袍、名媛前凸後翹的蓬裙穿。

以下為蘭嶼達悟族節錄：大洪水後，族人餓肚子，草蔽身，住在星辰出現處的仙女教農耕，順著天梯下凡，把小米送上天，與族人成婚，每天由倉庫僕人煮很多食物，妻云，不可偷看，丈夫不守信用，把老鼠和蛇僕嚇跑了，妻生氣回天上，丈夫只好帶孩子搬到巨石漁人部落打獵做活。直到一對兄弟上山，遇見地底人，給小米和食物，天神不忍他們漁獲不豐還進水沈船，弟弟拜師，長老裂石成隧，盡傳水渠地下屋板舟火種、冶金、陶、編藤、織、服飾、燒貝灰、招魚祭、小米、家畜、收穫禮儀、社會規範、決定領袖、價值觀，械鬥只傷害不殺死對方，類瑪雅彩虹武士莫奇卡，十年後學成送衣服、芋頭小米豬肉芋苗回去，出嫁女兒被虐送地底保護。

郘族布農神話，以前 Naikulan 族住在地下，背後長一條尾巴，不願意被看到，煮獵物時，聞一聞香味就算吃飽了，慷慨送布、米、粟，兩方約定，到地底居所，先發聲，才進去，一對夫妻忘記呼喊，結果，有個慌張尾巴斷了，女人不知道對方腸道是直的，不能進食，拿豆給小孩吃，噎死，混亂中，把旱稻偷放陰道帶走，地底人請雉雞、竹雞、三趾鶴揹石頭封洞，雙方再沒交情。卑南排灣也取種子。阿美族：古時地中另有世界。鄒族玉山飢荒，挖山芋，發現富足的地底人，把小米藏包皮帶走。矮人帶弓箭大刀，打仗會匿蹤，愛惡作劇，不通話，傳授多元文化被消滅，但其女子善歌舞織布，魯凱排灣以禮相待，回送不漏水的石板屋，賽夏也和通婚，矮靈祭延續共同祭儀歷史，謹言慎行，祈求先人諒解，豐收平安。

註釋

註 44：文海浪子　發表於資訊　第五行星 Ma －木星火星之間的歷史　2019 8 14
註 45：既然 M87 黑洞是五千萬年前的　那地球歷史也會存在於宇宙中嗎 IFuun、com 科技　4　14
註 46：吳軍　全球科技大歷史　台北　漫遊者文化出版社　2019 9 9
註 47：周德瑄 IN　NEW　地球有密址哈佛學者外星人可能住在地球　哲學與宇宙學期刊　2024　6　15
註 48：田喆　希望之聲　宇宙探索　高溫火山口飛起 UFO　地心人是真實存在的 2020 5 14
註 49：李正寬　　三星堆藏秘鑰　打開塵封歷史之鎖　新唐人電視台 2021 7 3
註 50：三眼備忘錄編輯　摩亨佐達羅　不被記錄的史前文明　4000 年前的核戰爭 2021 4 15
註 51：姚馥鎂　奇聞探秘尋真　時光倒流之謎與諸多怪異的事件　2017 6 15
註 52：華語科學之謎　太震撼　把宇宙 138 億年歷史壓縮成一年　看完懷疑人生 2018 4 14
註 53：外星人遺物　發現 25 萬年前 UFO 鋁合金碎片　2018 11 13
註 54：Devon Van Houten Maldonado　瑪雅藍　從財富象徵到墨西哥殖民史的代表 2018 9 10

七、世界宗教民俗信仰神話傳說

〔14 萬年前－無窮〕

宇宙庭中有奇樹，倏然發華滋，加州大學研究員說可能 65% 恆星是雙星系統。穹頂集團伊甸船複製總部太極觀靈魂自由、獨立平等，大細胞雙生法則，有絕對－巨觀相對論就有隨機－微觀量子學，宇宙背景輻射配黑體輻射，光越混越白、物體越混越黑，銀河一對中央太陽，地球一對小太陽，二位亞當，自信不馴的莉莉絲百依百順夏娃，核融核裂，民主極權，死生進退，靈魂物質無止盡地循環。

奉愛之家人族元祖天琴，和巨蟒神蓋婭都是被造物，由天狼實施，耶洛因播種，在無分國境的地球（也名蓋婭）梯次下凡。奧克洛 500 噸鈾極微損，輸出功率一千瓦，供 6 區電熱運輸通訊。最早的原民是神通巨人、小精靈和水陸高原擴散的生物，人存在 45 萬年前，50 位星際銀翼遠征隊乘「地球通道」號渡船開拓冰期瞬移文明，各自巧思妝點君權神授或替身統治，交錯巨石、玉、線紋陶、小皮包浮雕，隔代繁殖暗中扶養，女神公社平等共存，男神國家君主至上階級嚴明，父權逐漸浸滲母氏，全球神話傳說都來自 GF 棄兒創的蘇美。古陸分合，七萬年多沓巨災，五洲物種宗教、歷史、科技、哲學、政經文化呈多樣性。

開天闢地－《聖經》實碼，世界不是偶然形成的，是照神的計劃造成。

創世神巨大無比，北美印地安尊稱「大者」。霍比：世界本是無終止的時空，無頭尾、生命，主先造一神，孕育固態物質，七宇宙，水，空氣，渦女用泥土造紅（土）、黃（風）、黑（水）、白（火）智人送到四個方向，與為族人犧牲貢獻的蟻人朋友－小阿奴。巴比倫文獻上，眾神來自不同地點，很早就相連，阿卡德創世神話「埃努瑪 ‧ 埃利什」太初天地不分，由兒子恩立爾劈開，父選天，母子選了地，天尊地卑，42 萬年前馬杜克拈鬮給阿奴神平分管天地，統治 24 萬年，西琴編年史中被當作來自尼比魯的外星人，幫人類發展文明，混種即《以西結書》英武拿非力人，上帝亦命摩西拈鬮分河西之地。

白堊紀盤古分現各大陸，空間方位時間更移一致。堯舜拜北辰，精神和事物協和而成世界，南朝梁「天地玄黃／宇宙洪荒／日月盈昃／星宿列張」指天地初開，物質雜亂，黑紅色的天和黃地交合不分；謝靈運「詳觀記牒／鴻荒莫傳」，49 億年前，地球雛型，尚無兩極磁場，宇宙蒙昧無序，遼闊無邊，日月正斜圓缺按時推移，瓊樓最上層，星辰高處多風雨。去哪裡觀星？內蒙明安等無塵霧光害的平原高山幽谷、海濱、沙漠、婆羅浮屠神廟、巨石群，晴空萬里空曠處，或參加天文台或信達光學天文望遠鏡舉辦的星趴體驗營。

洪水－全球水峽都有痕跡，宙斯看人心險惡，弱肉強食，不行了，亞特蘭提斯領域內的米諾斯錫拉火山先爆。火星 Ma 天琴後代－蘇美爾吾珥泥板記載耶和華、《古蘭經》阿拉眾神懲罰，正義的地球指揮 Enill 洪水滅世，良善 Enki 平衡，安排烏塔那匹茲姆搭船避難，予水生水道灌溉能力，史前雅利安因洪兵遷居東南亞、美洲、青海喇家。太古一對阿美兄妹避洪，乘豬槽漂到高山耕種，山頂多蛇，改移秀姑巒加納納奇密社定居，布農、賽德克等族都有此類神話起源。

兄妹神－七千年前天神發怒，大水，天地接近，除中亞、蒙古，方舟躲高加索山育種，各族只一男女倖存，為皇族晶種純淨，近親婚，如埃及歐西里斯和伊西斯，蘇美爾拉格什 Gudea 雙龍交尾，恩基和捏土造亞當的寧胡爾薩格，迦南巴力，印度掌豐收風雨江海的那迦神。傳伏羲女媧崑崙議婚（圖 7-1），祂們是來自阿爾法天狼埃美亞星諾莫 Nommo 魚龍，慈德昭彰，殺黑龍、堆蘆灰救萬物，類多貢族雙胞胎祖先，生四子，少典王國傳炎黃。阿美族：兄妹到地上開創新世界，帶豬、鹿、伯勞、老鷹玉里三笠山安家，神婚。泰雅屈尺社軼聞：太初，天降二男女神到台灣中央定居結合，祖先由石頭迸裂，破石繁殖。

圖 7-1 山海經第十六 大荒西經 女媧補天

圖 7-2 魯凱族百步蛇圖騰

龍和鳥胎（人）、卵（鬼）、濕（畜）生，化身。蘇美埃及瑪雅鳥人從獅人獲悉遺傳學，產生天龍皇室血統，敏銳於分析，外表高貴，天命玄鳥，降生商契（閼伯），三星堆九棵青銅樹龍馱句芒鳥通天遁地，樹座臥大蛇，蜀人高加索復活島瑪雅都戴帽，成湯龍旗大車，妃踩到巨人腳印生周祖，賽夏守護神千古靈蛇，魯凱百步蛇王巴拉勒巴勒新娘百合花公主（圖 7-2），傳與排灣太陽、卵、陶生。

巨人－大地女神生下十二位泰坦鬥士，共抗天空之神嚴父淫威，宙斯命海克力斯對戰。芬蘭瑞典冰巨人金字塔共振，貝奧武夫屠龍輓歌，維京寧玉碎燒龍船排石陣送英魂去來世，撒哈拉、埃及、腓尼基、土耳其、俄烏、伊比利巨人一路波浪融法、荷，不列顛凱爾特，蘇格蘭斯塔法、德、奧、西西里、馬爾他、希臘、巴爾幹奧蘭多（註55）、印度、澳洲、敘利亞、波斯、阿拉斯加、墨西哥、智利，西伯利亞高4米，印加划舟至拉帕努伊的摩艾10米，雷姆8米，天龍12米，蘇美礦工5-10米，阿奴3米，地心人3.6-7米，崑崙墟夸父、盤古、后羿、魔神怪NBA、CBA、世足都巨無霸，《搜神》孫吳4米熒惑火星人曳疋練登天，溫州商周巨石棚蓋頂（註56）。泰雅太魯閣巨人踏出花東縱谷平原，阿美耆老：瑞穗、美崙山巨人為美女panay互擲石頭，成卑南掃趴遺址。

小人－精靈、矮人原是強勢種族。5千年前墨西哥哈比人高12公分，地幔蟻人救人脫洪，《論語》《搜神》《太平廣記》小碳黑人，西北方3寸菌人，魏談博學的墮雨兒5.6寸，《述異記》小人長樹上見人輒笑，12000年前，烏拉山柔光洞住墜到別人地方的德魯帕人，138公分，被人追殺，1908年母星終於派船來接？台灣都有小黑人先民神話，高及腰，有些紅髮，瑞里老人在阿里山溝數次看到小型發光物和異種人。

泛神教－庫爾干、諾斯卡、匈人尊天體山河花樹風……突變，錯配，銳化，蠻力。太多神下來歐亞，地中海，中東，非洲，中日台，兩極，拉美。雅利安先祖蘇美，有些歐人認為中國人不是野種，而是失落了的子女？蘇美爾、印度最古神明阿奴那奇和子北南天神，諾亞之子閃米基、回、猶教奉希伯來耶洛因「上帝眾神」唯一真神，之前，不否認之下還有其他天使靈，如天狼大母神和獵戶生母儀天下的金星伊西斯、滋育女神莉莉斯「黑暗之魂／命中註定要使人類恐懼」，豐饒與愛戰神伊絲塔，施比受有福的日月神，萬神殿數不清。〈舊約〉不可違逆的耶和華「天外來客」，阿卡德征服蘇美，厲火法典漢摩拉比奉恩基長子巴比倫主神，和中國占星天狼木星、水、植物、審判、魔法，傳腓尼基名袞（鯀？），法老係古幣三爪龍族後代，基爾契還說亞當夏娃說的是古埃及語，蘇美對客家與埃及對閩南人的面部識別甘有影？

金星人阿斯塔初自天使領域，化身釋迦牟尼俗身悉達多，乃有遼金時代希臘式佛像。美非洲原相連，昂宿帶非洲礦工去的的喀喀淘金，湖旁玻利維亞蒂瓦納庫的普馬彭古巨石、金屬拋光文明接壤高地印加，巴西 8 千年前陶器大膽鮮豔，元前 1200-400 年，墨西哥 Tabasco 奧爾梅克聖羅倫佐頭盔球員人頭巨石，現存西班牙比利亞埃莫薩宮。翡翠珠寶雕刻等無可取代的經典似乎護航高層，為維持強盛效率，階級觀念分明，學者認「統治者有不明力量」，瑪雅：地球每個太陽紀由不同的太陽神統治，用紅赭黑錳製磚瓷，岩畫，紋身，做鏡。

一神教－元前 2800 年，火星、天琴、Maldek 後代雅利安踏伊朗高原，進逼兩河、恆河，混血閃族，同化埃及，藍血蘇美逃高加索，滅商建周。瑣聖遵來曼 · 赫塞追求個人信仰創波斯薩珊國教，專信光明火祆，但對印度希臘教寬容，亞歷山大認教徒太勇猛是魔法，毀經典。漢甘英使大秦羅馬，抵條氏國－兩伊獅子大鳥、暑濕、弱水、兇狠拒客的海妖（對應丹麥小美人魚），《新唐書》諸胡受法以祀祆（馬自達翼標）。

靈修無關宗教，元古神囊括創造、維護、審判長，透過人神的錯誤傳達歷史教誨。三一指物質正反加中性，父子靈－舊約無肉身的大靈受上帝差遣，共用名，位格，本體，屬性。無玷聖母伯利恆生超星耶洛因 Easter，〈路加福音〉以善勝惡，化敵為友，降卑血肉虐心壓力，受膏復活永生戰勝死亡救贖人類原罪。天主教釘十字架救贖，地獄不永罰，神給人自由意志需竭力前進，行善，撒旦也需為自抉的行為負責，國家和小孩各有主保天使顧管。色雷斯希哲：大自然有一位永恆原動者，讓一切永保運動狀態，祂在宇宙時間之外，心懷善意，演繹活著即靈魂在，包含動植物。印度教三相：毗濕奴黑天在宇宙海蓮花生顯聖者－四面佛藥王梵天，創世，奉愛贏吃齋唸佛清修，濕奴平衡，造人後派狗保護，行正法毀滅惡世。錫克教濟弱扶貧，宗教自由，反種性，堅信全知能公正和平仁慈神。黃老濟世救人，寺觀教會廣種中途之家福田，Anand：要敬天愛地，心中有神，相信業力的迴力鏢作用。

善惡二元－進步非直線，不特定聖經版本。自由世界很難政教商分離，物質每個電子都帶相對能階，反粒子是量子力學加相對論不可避免的結果。1894 年普立茲報紙指特斯拉「與電融為一體」，他和愛迪生的瑜亮情結，或宗教傾軋迄未斷絕過。

宇心無極虛無，是最亮的太陽，最昏黑洞。小太陽 Ra 和孿生黑暗神 Apsu 死對頭，洛夫・克蘇魯統治地球的明暗對比萬神殿。兩河神造人混入各種動物優缺點，二、三世紀諾斯底教（註 57）來自巴爾幹希臘宇靈論，每星球上帝生善惡二子，純靈慈悲神收物質殘暴神；因造人時帶缺陷或錯誤，被肉體囚禁，從精神墮落物質世界的異鄉人，無明是萬惡之源，應該拋棄無可藥救的宇宙求知覺醒回靈界 - 得神助。馬丁路德、喀爾文 Tulip 新教徒：原罪得救的恩典來自免費天選，因信稱義，非善工，營利和社會共富。卡特里菁英漠視屬世需求，禁慾，吃素，無產，不徵稅和罰金，女男可互相轉世，耶穌帶人脫離偏門害命物質牢籠可悲循環，聖靈是天使人眾靈之首，嚴以律己，反聖職同流合汙。

敦煌壁畫上，祆教光明神創六善神、宇宙、世界、生靈、火；黑暗神創惡，侵襲人間傷風敗德，各盡其責，中間隔虛空，都不是被造物，由超然的時間神生成。淨空法師語，宇宙造物都參與無限維次法界。決戰日，生死都受審，依生前自由言行，自作自受去極樂或地獄，相當的停留陰暗。受高教者較偏啟蒙時代無神論，大數理家否，惟不信愛情，不婚，其實，科學與宗教對立是人為的，霍金「如你幸運找到真愛，記住，那非常珍貴，不要置之不理」。

祖靈－乳丁指慎終追遠－天地君親師，有情意識不死在高處護生農作、部族禍福吉凶，萬物有能，善惡兩靈生出貴人眾生泛靈論。

動物：《山海經》封神榜錄鬼簿仙妖探奇，動植礦物都有通人言、節奏情理、愛憎恬靜、意念感知更敏銳有愛心的精靈寶可夢（註 58）附身能人異士修行積德登仙，作惡會墮鬼獄畜低元素輪迴。《史記》四靈各七宿，鶴鹿烏鴉報喜，魚雞牛羊食蟻獸獅虎象犀錯金銀，狐狸黃鼠狼刺蝟螃鱔貓獸曆十二生肖（圖 7-3）都有人性思維，嗔怨心強的，誅仙報應極快。蛇懂藥草時令，醫界蛇盤橄欖樹表病癒，排灣百步蛇示警天災。台灣雲豹和非洲鱷魚都會帶人找水源。華南虎繳灩所有老虎，奧爾梅克為地獄行者美洲虎造塔，也拜玉米神鯊鷹，瑪雅紋豹猴鴞龜，羽蛇神庫庫倫安虎座，印加國寶羊駝，俄國棕熊，加拿大海狸、亞馬遜土著「殷地安陽」駱駝樹獺蜥龜魚鳥象馬。法國西班牙國獸長毛象獅犀公牛馬豬，地心鷹，北歐座狼鹿北極熊，阿卡德怒蛇馬狗，埃及超靈力魚人鱷犬貓眼鏡蛇禿鷲胡狼蛙鸜牛羊獅蠍甲蟲，澳洲袋鼠，非洲跳羚等全部。殺生平行天災曲線（註 59），佛教先聖象，印度虎狗，祆犬牛，《阿維斯塔》懲罰虐狗（註 60），畜生不矯情，也有畢卡索，樹懶反重力，動保法起自納粹空軍元帥戈林，免彼受不必要的痛苦。冰島停獵能捕碳降溫的鯨鯊，中國列一級保護，極地瀕危物種亟需三大洋條約關懷。

圖 7-3　明成化　鬥彩雞缸杯

植物：人和神界可藉大樹溝通，《創世紀》伊甸園中央的卡巴拉生命樹，千奇百美松杉柏楠楓橡柳榆榕樟石榴桃金孃茉莉老樹，如南投信義鄉樟樹公，宜蘭棲蘭、台南六甲落羽松。

礦物：光電磁應力鑄造、熔煉、淨化、活化，千萬年硃砂大地血液，《紅樓夢》女媧補天剩靈石 - 寶玉與黛玉木石前盟，寶釵金玉良緣，中舉出家悟道。宜蘭冬山，南投茄冬腳，彰化員林拜石頭公。

逃難－《克蘇魯》世界好壞參半，天條可隨意禁毀。耶和華察罪惡之城中十位善人也沒有，尼尼微肯悔改烏利爾不降硫磺獄火，神僕吩咐羅得家往山上逃命，禁止回頭看，妻子眼光不捨索多瑪的美麗房舍家具典藏品，變成鹽柱。撒奇萊雅族傳說智慧之神告誡一對夫妻上天時噤聲，妻子忍不住嘆息，天梯瞬間斷成兩截。

天葬－自由中子容易衰變，捨身佈施，不污染聖潔大地。靈體是一團氣，破戒肉體微中子如遭雷電殛碎，鬼的質量回天界電磁場安息，或奪舍交換。印度坦陀菩提寺、孟買寂靜塔、伊朗火祆，烏茲別克、尼泊爾、不丹、印尼、中美都有。蒙新熬茶禮佛由阿克賽欽入藏，766 年，桑耶寺印度大德隨行比丘阿育吠陀瑜珈礦物自然療法落成，和密教占二十七星，拉薩直貢梯賢德或活佛灌頂，能分解成虹光入三善趣界。

漂浮－所有星球都漂浮在虛空上。太陽系就一支舢。紅山璧琮成西周「蓋天說」，堯舜渾儀「渾天說」，殷星星漂浮宇宙無殼涼亭「宣夜說」。戰國，日月星辰在天球運轉，超導星石托著。陸地地殼矽鋁輕無根安在水或氣中，海島比較硬、重、大，板塊飄移，空中花園。4 維能隱現、轉位、置換、摺疊、穿越自如，蒙淘克發續了光劍電翼的不凡隧道？ 2021 年，一個平行舊宇宙滲透 3 維懸浮尼日利亞頭頂，離我們只公釐之遙（註 61）。特斯拉和小行星掠貝加爾湖碰巧？他把玩球狀閃電非定點傳電瞬生黑洞或反物質，歐亞現極光，閃電照亮紐約到喬治亞。

南北緯 30 度－赤道分界，解矩陣的鑰匙，地心巨晶撐住地軌板塊，接收日光靜脈，巨石、戰略要塞、強子機，塔碑、廟館、星門，文明古國建築名人多在北緯上下 5 度，二千年前觀測地球自轉軸晝夜更迭與繞日公轉軸非平行，而呈黃赤交角，傾斜軸歲差，北半球夏至 1989 年起落到金牛宮，北回歸線 23.5 度座標嘉義、花蓮。

工藝－百神人家多從事農牧，手工業。一萬年前，天狼天龍昂宿大角等共創地球文明，以阿拉斯加東南部軸心圓串聯希臘羅馬、迦南、埃及、兩河、印度、中國：銅鐵、金銀、象牙、珠寶、治玉、織錦、釀酒、雕刻、玻璃、建築，陶瓷轉盤似銀河漩渦拉出新恆星。戰國「精氣說」指無法直接感受又無處不在的精微元氣或《淮南子》太始空廓道生宇宙，或月球火星隕（註 62）恆星死亡，星雲能量聚成宇宙整體（註 63），取施之十方。西藏印經，雲貴搖陶，養蠶紡織，布皮漂染、銀飾，蘇繡，澄泥硯，布農想為丈夫編織一個漂亮胸袋，向百步蛇借幼蛇，照它的花紋編，爭先恐後把幼弄死了，母蛇復仇，親戚蜥蜴來說和。墨西哥普埃布拉稱來自西班牙安達盧西亞的原色民宅、修道院、圓頂教堂摩爾 azulejo 花磚「天使之城」，瑪雅庫庫倫羽蛇神教族人天文數學、農業、飛行、文化工藝、制頒法律，當渠等獲得知識建國，便化身金星登上毒蛇筏回天外故鄉。

舞蹈體育－舞者們在金字塔方尖碑陵墓巨石圈神廟廣場跳中東肚皮舞、哈薩克、草原舞、巴爾幹土風舞、愛爾蘭大河、拉丁國標、華爾茲、捷克、西班牙佛拉明哥、印度幻相、阿富汗胡玄、峇里、巴蜀虎舞、鼓舞、紐西蘭戰舞、夏威夷呼拉，藏、滇、蝦夷、台灣、亞瑪遜圓環舞，希臘奧運和南美足球已成世界活動。

註釋

註 55：廣義印歐民族相關閃米　印度　近東　北亞　中亞　東南亞　日耳曼　希臘　拉丁　凱爾特　斯拉夫　高加索人條頓指日耳曼一個分支　德國易北河流域沿海斯堪地那維亞南部至英國　凱爾特分支高盧人

註 56：甌越縱橫　文化溫州　古墓探祕－那毫不起眼的石頭　或許就是一座古墓　2016 5 17 溫州網

註 57：埃德溫 M 山內　諾斯底派（主義）　資料取自陶理博士主編《基督教二千年歷史》

註 58：日本譯寵物小精靈　陸譯口袋怪獸　台譯神奇寶貝　1996 任天堂平台發行首款手遊　次年開播

註 59：凌谷　殺生和天災　印度科學家關於屠殺動物引起天災的研究　動物生態與自然災害　2017 8 9

註 60：傑拉德　羅素　被隱藏的眾神　一段在中東尋找古老智慧的旅程　台北　八旗文化　2021 3 4

註 61：加來道雄　伍義生　包新周譯　平行宇宙　穿越創世　高維空間和宇宙未來之旅　暖暖書屋　2015 4 1

註 62：黃武良　劉淑蓉　隕石－原始太陽系的密碼　科學發展　2017 11 第 539 期

註 63：劉志安　台北市天文協會　我們都來自星塵　聯合報　D2 版　2021 2 20 李明融　銀河系發現原行星盤關鍵分子　新研究很可能有外星生命　民視網　天文物理期刊　2021 9 19

八、地球的血脈和次振場

〔創世－混元〕

傳天地初開，天降眾神，FBI 解密，確實有高等生命從其他物理宇宙共存的乙太層維度行星拜訪我們，移民，地球住著殊異合眾民族。地磁幾個主脈輪－查克拉，印度瑜珈水火風雷土陰陽發力神樹，中樞分布人體百兆細胞，自然界的隱形幾何線 - 阻擋宇宙伽馬暴，掌控地球各部位組分和心理運作，密教，體術，幻術忍者、道門苦修成精神力，以巨石知識或印地安捕夢網調頻矩陣電流導航，串聯占星與地母。

人間閒日月，九垓坉玉京（天界最高山）。《大荒西經》崑崙是地界天梯山，玉出崑岡，五瑞璿璣，靈山十巫，百藥爰在，取仙果魂魄朝泥人七孔肚臍吹即活，須彌鯤鵬四州三界五嶽中心，北魏崔鴻海上諸山總水閥，唐朝楊筠松凡界龍脈的主山。

溪流山丘充滿奇徑能量線。地磁由太陽風、地核電漿、岩磁異化旋生。蘇聯卡爾達肖夫假設外星科技功率，分七型：（1）可調集整個行星包含自帶和由外太空接受的能量（2）能攔截開發太陽系恆星中子能量（3）掌握星系能源自由星旅，包含黑洞（4）星際宇宙能量 70-80 交流（5）次元的多維空間轉換（6）平行宇宙物理性能轉化疊加（7）創造者。能製造泰森球屬於第 2 型。哈佛學者分四檔次：A 級－創造暗能量，由量子隧道生出嬰天地，B 級－迅速重建生存天體條件，地球屬於 C 級依賴天地，如果用於低階毀掉惟一家園，可能降到 D（註 64）。

盤古大陸，非洲為世界地磁與線性電磁波軸心（圖 8-1）。北極是天樞龍頭，鄂爾多斯戰鎚民族常南下侵擊震旦與黑暗精靈，築長城節制，崑崙地柄－北龍由帕米爾，越天山，烏拉山。東龍祁連翰海、興安嶺、日台菲、阿拉斯加、落磯、太平洋海岸山脈、內華達、墨西哥、安地斯（赤道海拔最高峰），止於阿根廷火地島。中龍巴顏喀拉、大巴、黃山，雙生岡底斯、喜馬拉雅，到高加索分兩條：西龍接斯洛伐克喀爾巴阡、阿爾卑斯、庇里牛斯，回阿帕拉契山(註65)；另一條黎巴嫩山接東非大峽谷，肯亞坦桑尼亞吉利馬札羅山。南龍東南隅高麗貢等大山水，黃連山、新加坡、爪哇、澳洲，龍的磁尾全朝南極守衛者冰洋。

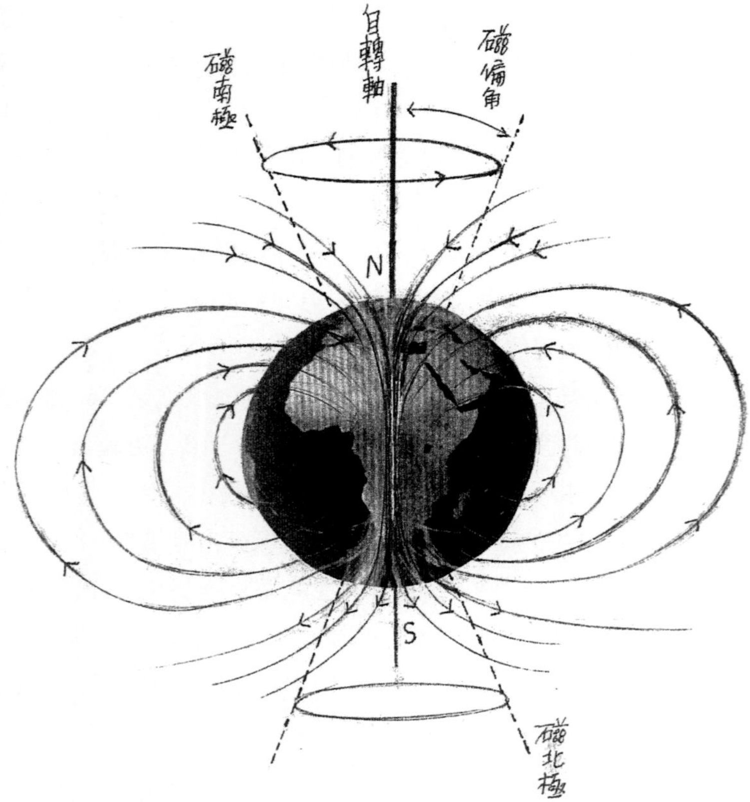

圖 8-1　地磁圖

格林威治本初子午經線平分東西半球，高電磁，阿加森開啟亞特通道，和天龍雷姆中軸七條高振主動脈、無數靜脈圍繞南北緯。土耳其伊甸園桑尼烏法哥貝力克兀鷹石陣記下萬年前彗星撞地球，核子寒冬，猛獁滅，人類興，雷雨閃電時 Anatolia 磁鐵礦錄下戰馬嘶鳴。野花開遍沙斯塔山，懷俄明大提頓，內華達，給特斯拉身心強大的科羅拉多泉，尼加拉瀑布，新藏，地中海同緯塊。大汶口紅陶三足器是緬懷飛碟祖先嗎（圖 8-2）？印度敬飯王后在滿天神佛的尼泊爾倫比尼生下白象俗身小王子；走在麥第奇托斯卡尼鄉間別墅，感染烏菲茲、碧提宮永留本地勞績，五十年前，大型魔法線就連西班牙卡塞雷斯石陣，蘇格蘭高地卡拉尼什巨石隔著都柏林博因宮與愛丁堡都子午經線交叉點，倫敦巨石冰河巨人手斧近格拉斯頓塔丘小教堂，聖杯井聖矛沙夫茲伯里。小祕魯變的大印加和北美連一氣，澳洲卡塔提石陣原接阿育王德干高原，法國巨石林聆聽千尊摩艾訴說往事，誰，把等待白曦的石像排成火鎗陣？

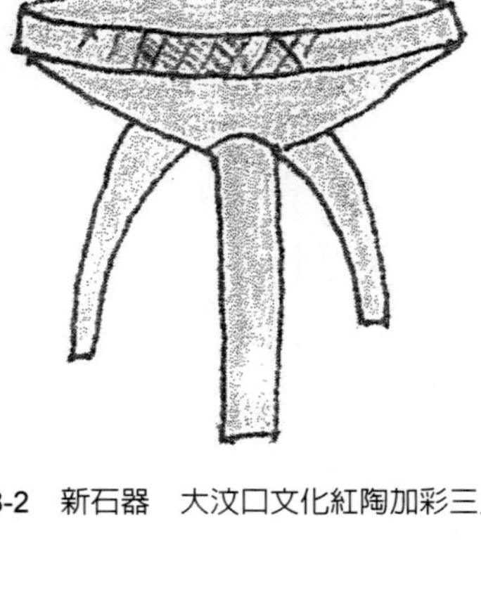

圖 8-2　新石器　大汶口文化紅陶加彩三足器

巴爾幹半島 40 萬年前住土耳其裔畜牧者，五千年前，希臘先定居，亞歷山大建拉丁王國，奧古斯都羅馬據北部，奧匈、鄂圖曼、蘇俄環伺、多民族（註 66）文化宗教交壞，各別內戰風雲，形成有英雄無統一強人的叛逆火藥庫，直到尼古拉 · 特斯拉！

歐洲龍－高盧之母多瑙河源自波西米亞黑森林，與萊因河共構羅馬帝國北界，慕尼黑官窯、高能物理、名車電子、香腸啤酒、鑽石小鎮邦府，西元 33 年逾越節聖杯可能被約瑟帶往愛丁堡長城，菘藍紋身的凱爾特，和希臘中東埃及腓尼基希伯來藍血是亞特後代，蘇格蘭、威爾斯、愛爾蘭、布列塔尼祖先（註 67），《志留記》名源，為避凱撒追兵，法國佈置冬至天裂亡靈過渡卡奈克石陣，《不列顛史》蘇格蘭聯撒克遜，為愛爾蘭史前巨人遺物－非洲懸石興兵，家成戰場，嬰兒出生就老了，揹負血海深仇，小亞瑟才拔石中劍共王。杯原置聖殿騎士或采邑主修建的羅斯林大教堂，玫瑰線指亞瑟和《海盜戰記》維京、威爾斯裔團長所尋九仙后駐守的阿瓦隆，石匠總會所包容猶、基、埃及、卡特里教，中世紀奇幻故事背景都來自梅林告白：兩龍相爭，白龍屬撒克遜，紅龍國王子民，此熱情發思了《魔龍傳奇》、大湖《哈利波特》。1470 年抄本，王率騎士圓桌聚餐，見聖杯顯靈，傳一個豐衣足食安溫魔法爐為杯前身，電影虛構教會隱匿耶穌血胤，錫安和聖道從犯搶奪「上帝之體」杯矛協和派系、飲杯晶液永生，而成 R Wagner 壓軸二元歌劇；二百個古杯現存坎特伯里羅馬聖馬丁、熱那亞、瓦倫西亞，馬里蘭等。

基督徒被困地道時，鑲嵌馬賽克自娛，不只龐貝，文藝復興之都 - 那不勒斯考古博物館收藏亞歷山大伊索斯會戰畫，巴塞隆納高迪奎爾馬賽克公園更美得令人窒息！耶穌行刑，兵丁用聖矛戳拉比側腹，確定歸父。西羅馬滅，300 年後查理大帝擁此矛作《羅蘭之歌》權力衝波，被交紐倫堡、奧帝。梵諦岡之矛大小截原供奉聖索菲亞，十字軍時都失蹤，1740 年，本篤十四由法國得到完整圖片，置聖彼得大教堂。庇里牛斯山有個解甲照顧母親的騎士要塞雷恩堡，山腳馬賽克小鎮聖母泉含活性素－氫鹼輕水，癒力居四大不老泉之首，傳可和冰川低氘水遏腫瘤。

西班牙菲特拉斯 -- 古視最近大西洋的海角，雖然，正確地點在里斯本，貝倫紀念碑地圖上，刻著珠江口屯門一艘克拉克船舶，1514 年出現，1524 年再現，1528 年，麻六甲殖民官向葡王致信中瓷，項喬《甌東私錄》1548 年嘉靖海關官船塞港，在寧波與葡人貿易。朱紈《甓余雜集》記浙商運瓷絲綿錦緞往佛郎機、滿加刺，1359-1548 要塞司令透過雙嶼向中國訂瓷器。羅馬稱法、比、義北、荷南、瑞西、德南萊茵河西岸高盧人，首見視蜜蜂為家人的拜日凱爾特高盧分族，按鬼神之王神祗蓋的石頭修道院垂暮，但並非必然把人帶離現在，女戰神的高盧男友臣服亞瑟，宇宙相敬相容智慧聯繫那坡里製陶中心－波切利，山頭 KM0、000 嗎呢碑為舊日盡頭投往來世之門。

摩洛哥阿特拉斯山通亞特美國網終點埃及。北非明滅於德國的良心、帝國鷹摩托排、沙漠狐幽靈裝甲師隆美爾，他不殺平民，不虐俘，反種族滅絕，《小王子》聖修伯里 Atoine de Saint-Exupéry 寫畫，在撒哈拉遇見來自 B612 星球小男孩，後入反納粹飛行中隊，墜毀，立碑巴黎先賢祠。法西斯最尖銳的爪牙痛揍同盟國，以寡擊眾，和希特勒漸行漸遠，正規軍和對手都戰慄他的經典制服、攻勢如電。

南迴歸線古陸馬達加斯加，前侏儸紀脫非，白堊紀脫印度，物種新奇多樣，如變色龍、會顧小孩的狐猴、夢工廠國徽旅人蕉、蛙鳥、藥用植物，《小王子》中嬌貴玫瑰花配角－沙漠甘泉樹屋猢猻木，果實如小老鼠，全身可食，北投捷運站有種植一排。

南北緯 20-60 度

中國－西安　重慶　成都　開封　洛陽　太原　鎮江　上海　杭州　長沙　衡陽　武昌　南昌　九江　合肥　南京　曲埠　大連　承德　瀋陽　齊齊哈爾　哈爾濱　北京　貴陽　迪化　庫倫　康定　拉薩　蘭州　廣

州　桂林　梧州　騰衝　大理　昆明　元陽　福州　香港　澳門

福爾摩沙三角－東京灣神奈川千葉縣　菲律賓加羅林群島　台灣

日本－本州－福岡　長崎　四國　九州－東京　京都　大阪　橫濱　北海道－札幌　琉球群島　沖繩

韓國－平壤　首爾　釜山　仁川　大邱　光州　濟州島

越南－河內　寮國　緬甸－密支那

印度－新德里　加爾各答　巴基斯坦－伊斯蘭馬巴德　旁遮普　俾路支　阿富汗－喀布爾　孟加拉－達卡　尼泊爾－加德滿都　倫比尼　錫金　不丹　烏茲別克　塔吉克　吉爾吉斯　土庫曼

澳大利亞－昆士蘭　雪梨　坎培拉　墨爾本　伯斯　紐西蘭－威靈頓　皇后鎮

墨西哥－坎佩切　坎昆瑪雅海岸　英屬開曼　古巴－哈瓦那　阿根廷－布宜諾斯艾利斯　巴西－里約熱內盧　烏拉圭－孟都　巴拉圭－亞松森　智利－阿塔卡馬　聖地牙哥　普孔　復活節島

百慕達三角　紐芬蘭　邁阿密　維京群島

美國－黃石公園　雷諾　優勝美地　拉斯維加斯　鳳凰城圖森索娜拉沙漠　賽多納　洛杉磯馬里布　舊金山　聖地牙哥園林　崔登　紐奧良　曼菲斯　大峽谷　丹佛　芝加哥　亞特蘭大　紐約　華盛頓　費城　底特律　伯明罕　休士頓　達拉斯　邁阿密　夏威夷－檀香山

加拿大－溫哥華　維多利亞　多倫多　渥太華　安大略　魁北克　紐省

丹麥－哥本哈根　挪威－奧斯陸　雷尼　瑞典－斯德哥爾摩　芬蘭－赫爾辛基

蘇俄－庫頁島　俄羅斯－列寧格勒　莫斯科　比薩拉比亞　拉脫維亞　立陶宛　愛沙尼亞　烏克蘭　波蘭　捷克－布拉格　摩拉維亞　德國－巴伐利亞　漢堡　柏林　波昂　奧地利－聖矛維也納　匈牙利　斯諾維尼亞　瑞士－伯恩　白朗峰　法國－巴黎　蒙特卡羅　科爾馬　阿

訥西　西西利昂　安道爾　南斯拉夫－貝爾格勒　西西里　馬爾他　阿爾巴尼亞　波赫　保加利亞－索菲亞　塞爾維亞　羅馬尼亞　蒙特內哥羅　克羅埃西亞－布斯卡　北馬其頓　希臘－雅典　克里特

土耳其－安卡拉　伊斯坦堡　卡帕多奇亞　格雷梅　塞浦路斯　以色列　西奈　敘利亞－大馬士革　伊拉克－摩蘇爾巴格達　庫德斯坦－阿瑪迪那　科威特　伊朗　阿富汗　約旦－安曼　沙烏地－麥地那　利雅德　阿聯－　阿布達比　卡達　阿曼　加薩　黎巴嫩－貝魯特

荷蘭－阿姆斯特丹　比利時－布魯塞爾　西班牙－馬德里　加納利　阿爾瓦拉辛　瓦倫西亞　韋爾瓦　葡萄牙－里斯本　艾利克利　亞速　蘇格蘭－愛丁堡　尼斯湖　芬德霍恩　愛爾蘭－都柏林　英國－倫敦　多佛　義大利－威尼斯　米蘭　佛羅倫斯 羅馬　梵諦岡 那不勒斯

摩洛哥－舍失沙萬　阿爾及利亞－阿爾及爾　利比亞－的黎波里　突尼西亞　埃及　西屬撒哈拉　茅利塔尼亞　馬利　尼日　查德　蘇丹　馬達加斯加　史瓦濟蘭　賴索托　南非共和國－約堡　辛巴威　波札那　納米比亞　莫三鼻克

南北緯 60-80 度

南極洲　北極洲　美國阿拉斯加　丹麥格陵蘭

東西方如兩片蛾翼，平分半球的蛾身在吉里巴斯，碧海藍天豔陽小島是宇宙人的最愛，大犬天狼、小犬南河，獵戶參宿位天球赤道，恆星明媚全球可見，古陸建南極洲文明者續建瑪雅、阿茲特克、澳洲、埃及帝國，璞稀土多產於南非、哥倫比亞，斯里蘭卡、緬甸，印尼。

瑪雅處中美洲墨西哥等七國，卡拉克穆爾碑塔意思「蛇的王朝」，奧爾梅克跟猶加敦陶影響墨城瓦哈卡特奧蒂瓦坎，經巴拿馬橋「安地斯靈魂」往南，玻利維亞陶熱力四射，主產祕魯查文、帕拉卡斯、莫奇卡、比庫斯、瓦麗，納斯卡鐵赭紅棕錳黑彩陶人頭壺撞臉甘肅大地灣、兩河哈蘇納（圖 8-3），絢爛多分支，印加時才統一，擅聲波造石城、保存、織染、大地繪，最大的 50 公里，虎鯨等持續發現中，智利阿卡瑪塔沙漠藏畫萬年前 IT 巨人像。

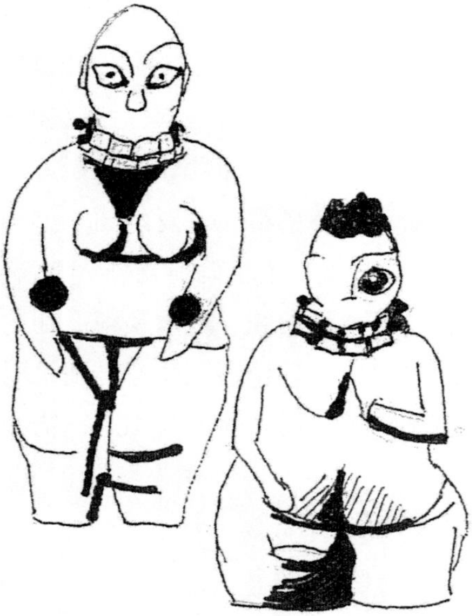

圖 8-3

赤道平分三大洋，17 世紀流行藍色，避談宗教、與林布蘭齊名，描繪台夫特市民生活德化和青花的 Jan Vermeer 油畫《地理學家》手持圓規，專注著桌上地圖，背後地球儀露出印度洋一條盤活婆羅米數字印章、中國茶絲陶瓷、巴達維亞建材、包抄香料島的萬鴉老，望加錫，馬魯古黃金航線。王莽最早走絲綢海路，鄭和錦衣衛載著賞賚瓷，找華蓋南天半人馬財星，比對《海道針經》半世紀滄溟十萬餘里，北卡切諾基族阿什維爾鎮出土一片宣德款銅牌，印證中國比哥倫布更早接觸美洲（註 68），並將農作物、天文、水碓龍窯知識帶去，宣揚和平友誼的一手路線，領航《坤輿萬國全圖》，大艙儲金銀樂器在伊斯信仰中生輝。

經線可變。弘治五年（1492），班簽准哥倫布到亞洲採購香料，從維爾瓦布局，登陸十字軍時期只防守食宿醫療、不受世俗勢力約管、後期沒有土地，連安道爾都比他大的醫療騎士移民的巴哈馬與安地列斯群島。瑪雅不做犀利武器，不奴制，克拉克大炮船下的災民轉入暴力不近的阿加森，船隊載走玉米、馬鈴薯、番茄、鳳梨、酪梨、木瓜、涼薯、番薯、向日葵、棉花橡膠。班後謝東道主，又簽教皇子午線，西葡垂直貫穿兩極，以摩鹿加巡查邊疆。明正德回文瓷器成熟（圖 8-4），葡萄牙買走十萬件景德五彩，王命船 1/3 載瓷，一船就十萬件。西葡聯姻，麥哲倫證明地球是整片水域，引燃香料島之爭，又簽米格經線縱貫東印度、紐幾內亞（註 69），1554 年葡明白日台才是最大金雞母，將福爾摩沙畫上皇家地圖，1899 年德英美設薩摩亞貿易站。

UBC 大學人類學家在厄瓜多陶器上，發現五千年前可可樹痕，阿茲特克將巧克力，四季豆，花生，胡桃，菠菜，辣椒，南瓜，仙人掌，菸草，薰衣草傳到歐亞。挪威、蘇格蘭地質銜接美加，海權一窩蜂找無政府地，

圖 8-4　明　正德青花回回文筆架

1581年，荷蘭獨立斷絕西班牙，受反制，和葡堵在麻六甲，商船戰利品衍生海牙海事法庭，林斯霍騰適出版印度－印尼安全航線，荷英法爭海商分銷，最終荷蘭匿名的公海《海洋自由論》勝出（註70），戰爭。1600年，英商在孟買顯現財力，50年後荷蘭成印尼南非南美奴貿大國，班船屢被擊沉，水下考古尋寶事業最常光顧南海、地中海、加勒比海。怡親王死，英發明經緯儀，1757年，商館軍連下孟加拉、邁索爾、馬拉特、拉達克，打鑿加爾各答培育中國茶種，費雯麗出生大吉嶺，拍《飄》時便一杯茶飲。補合前殖民剪碎的小邦，經商忌尖銳，以印治印，怡和默默濟助窮苦，1857年，暴亂遷都新德里，測量官攪亂了中印緬界；甘地從《毗濕摩篇》和托爾斯泰天啟尊英不合作運動，1947年英國退出南亞，建巴基斯坦，古核戰場玻璃城宛在，徒留中印阿巴曖昧。

印尼150萬年前出爪哇猿人，建階梯婆羅浮屠，4、5萬年前智人跨海而入，觸漢台、東非；龍三角邊緣波那伊島世代相傳，海底有個Mu大陸。玻里尼西亞79%源於兩河、北京人。美拉尼西亞斐濟有二千年中國古物。澳洲大學印證南島族8千年左右從亞洲抵台，擴散印太（註71），江西仙人洞是稻作民族之本，中世紀入中東和東南亞香貿網，再來哥倫布、南美、日本。2020年11月1日文化部邀請幽浮專家何顯榮先生講座：火山古文明－台灣島史。

赤道0-20度

海南島　越南－西貢　寮國－永珍　柬埔寨－吳哥　泰國－曼谷　緬甸－仰光　高棉－金邊

印度－孟買　錫蘭斯里蘭卡－可倫坡

墨西哥－墨西哥城　巴拿馬　牙買加　海地　多明尼加　多米尼克　波多黎各－聖胡安　哥斯達黎加－聖荷西　托圖傑多　哥倫比亞　委內瑞拉　厄瓜多　尼加拉瓜　雷昂　格拉納達　科西沃爾加　瓜地馬

拉－馬拿瓜　聖薩爾瓦多　貝里斯　宏都拉斯　塔巴斯克　祕魯－利馬　庫斯科　玻利維亞－拉巴斯　蓋亞那　蘇利南　圭亞那　巴西－巴西里亞　聖克里斯朵夫　安地卡及巴布達 蒙哲臘　聖露西亞　聖文森　格瑞那達　千里達－托貝哥　巴貝多

也門　吉布地　索馬利亞（非索馬利蘭）　肯亞　衣索比亞　烏干達　中非共和國　蘇丹　坦桑尼亞　盧安達　蒲隆地　剛果　加彭　喀麥隆　奈及利亞　貝南　多哥　迦納　象牙海岸　幾內亞　獅子山　甘比亞　賴比瑞亞　幾內亞比索　馬利　茅利塔尼亞　尼日　蘇丹　查德　布吉納法索　安哥拉　尚比亞　塞內加爾　尚比亞　坦桑尼亞　赤道幾內亞　聖多美普林西比　薩伊　象牙海岸　多貝哥　馬拉威　獅子山　塞席爾　模里西斯　阿曼

馬爾地夫　印尼－蘇門答臘　加里曼丹　爪哇　雅加達　峇里　西里伯斯　帝汶　摩鹿加群島　馬來西亞－沙勞越　菲律賓－呂宋　馬尼拉　民答那峨　巴拉望　維薩亞斯　吉隆坡　婆羅洲　新加坡　汶萊　西伊利安　巴布亞紐幾內亞－拉包爾

大洋洲美拉尼西亞　密克羅尼西亞　玻里尼西亞　所羅門群島　吉里巴斯　帛琉　薩摩亞　大溪地　關島　吐瓦魯　諾魯　馬紹爾　斐濟　東加　萬那杜

註釋

註 64：艾菲　羅布　宇宙是外星人在實驗室製造　哈佛天文家揭曉外星文明等級　科學人雜誌　2022 4 27

註 65：歐亞大陸板塊邊界－維基　歐洲地質－百度

註 66：印歐民族亞美尼亞　庫德　閃米猶太　阿拉伯　烏克蘭　俄國　拉丁　高加索雅利安印度　伊朗　土耳其　哈薩克　新疆　突厥　蒙古　匈奴　匈牙利　馬札兒　日耳曼盎格魯薩克遜　條頓歌德　凱爾特　斯堪地納維亞維京等　中原待考

註 67：德魯伊特 Druit　凱爾特人的黎明曙光－　讀葛蘭姆　羅布《中土世界　歐洲的形成起源》2016 9 30

註 68：李兆良 宣德金牌啟示錄 明代開拓美洲 再對歷史翻案 聯經 2013 11 7

註 69：微博　新浪香港　奇妙的邊界　東經 141 度　文明盡頭的印巴直線國界　2019 4 7

註 70：客家人　發表歷史　重新認識歐洲先鋒荷蘭　小國強大的秘密　2019 8 8

註 71：寒波　地球最西的南島語族　非洲與亞洲在馬達加斯加交會　2017 9 11

附錄

宇宙法則

1、一法則：最重要的宇宙法則，又叫「神聖合一」法則。宇宙萬事萬物都是一體，與神聖本源互相連結著，每一個人都能進入力量中，並且充滿力量。我們的話語、思想、行動、信念，都會影響到彼此和整體。

2、豐盛法則：天賦自然萬物都存在豐盛的期望。當敞開心房，與愛、歡笑、繁榮、成功、活力、友誼、慷慨等意識與任何生命中所擁有美好品質流動時，就擁有豐盛。

3、吸引法則：與我們有關聯的人、事、物、情境，實相映照出我們的能量狀態，生命之中所有的事物，都是被自己的能量所吸引來的。

4、頻率法則：以上兩種法則與頻率法則共同運作。大自然每件事物都具備了自有的頻率，我們只能吸引、也將大量擁有和我們相同頻率的事物，並影響他人。

5、陰陽法則：無處不見女男平等。靈性必須始於本身之陰陽性別能量平衡，雙方並重，才能達到共同創造和平、安寧、融洽之整體理想世界。

6、關聯法則：每一個人都在自己的靈性旅程上。我們所選擇的道途，一路走來，所作所學靈性成長，都反應在面對的課題上，無法和他人比較，因此，不要去評斷別人的優劣或成敗，我們經歷的事情只與自己有關。

7、呼應法則：萬物唯心造。每件在我們外在世界所發生的事物，是來自內在世界的投射，如我們充滿喜悅體貼，那在靈性物質中就處於平衡。匱乏就是自己失衡所在。

8、律動法則：萬物依照特定的韻律而振動和移動，一定的紀律脈動決定了四季、日夜、冷暖、興衰循環交替步驟與模式，每一個振動都回應了宇宙規律。

9、振動法則：宇宙萬物都在迴圈漩渦中不停的移換、震盪漫遊，你的想法、感覺、慾望、意願，每個聲響都有自己獨一無二的振動頻率，物質和乙太世界一體適用

10、報酬法則：我們所獲得是根據我們願意努力實現付出所給予的。不同形式的回報或獎勵可能數以倍計，不一定是金錢，也可能是其他。付出就獲得，給予的愛與恨相同。

11、二元法則：宇宙每件事情都有他的正反面，如光明、黑暗，靈性、物質，正負，我們選擇自己重視的層面，合一帶來大改變，如大部分人選擇光時，也就將光導向地球。

12、行動法則：坐而言不如起而行。我們必須以實際行動去實現自己的想法，針對所渴求的發出意念，不採取動作，所有的夢想、語言、感情都不會成真。

13、因果法則：萬事萬物的發生沒有偶然和意外，凡事必有種因，每個你所作為用力的行動都會有一個結果，所做的，可能非你所要的，不會跨出宇宙法則之外。

14、能量恆變：所有人都可以使用內在能量去改變現實的生活。消耗高振動能量，即轉換成低頻振動能量，改善自己或他人狀況，萬物都下墜，惟靈性成長上提自己能量效率。

15、一致性法則：物質世界中的物理現象如能量、光、振動運動等法則，都在乙太或宇宙的狀況下保持一致，源頭怎麼樣，支流就怎樣。

16、相對性法則：一切都是相對的。每個人都會面臨一系列的挑戰和考驗，記得此時刻要與心鏈結，增強內在，對照他人的問題來看自己的，總會有人處於錯誤的一方。

17、極性法則：越想要探索一個極端，我們就從心中盪到越遠的地方，

然後，必然盪到另一個方向，來理解它相反面的目標，是整合兩極達到平衡生命的所有面向。

18、補償法則：善有善報，惡有惡報，不是不報，時候未到。行善不求回報，然而，由因果法則之善因，未來會給我們帶來幸運、禮物、錢財、繼承遺產等福報。

註：又稱 369 法則，貝迪尼·羅丹研究尼古拉·特斯拉的三角錐 12 方向空間 369 數字漩渦：1、2、4 被 3 支配，5、7、8 被 6 支配，3、6 被 9 支配，9 是兩個對立的統一宇宙全部，若有似無，大霹靂時 10 維。

宇宙定律

1、因果定律：是宇宙最根本的定律。世界上每一件事情的出現都有原因，命運遵循因果，人的思想、語言、行為、自由意志、起心動念都是緣因，會產生善惡相應的果，由自己決定。

2、吸引定律：物以類聚。人所處的現實總是被下意識的，和其心念一致的人事物相互吸引，也被與自己心念一致的現實吸引過去，因此，要加強控制正知心。

3、相信定律：如果深信某件事情會發生，則不管這件事是善是惡，是好是壞，這件事就一定會發生在這個人身上。去蕪存菁洞察力和信念種福，是修造命運的原則

4、放鬆定律：人只有在心態放鬆，清明無想，念不留駐的情況下，才能取得最佳成果。把目標瞄準在理想上精進努力，任何懈怠或焦慮急躁都將帶來相反甚至不良的後果。

5、當下定律：人不能控制過去，也不能控制未來，它們都不存在，能把握的只是此時此刻。活在當下，戒掉妄想和分別，不悼念過去命運會不知不覺往好處發展。

6、80/20 定律：商業活動中，80% 銷售量取決於 20% 客戶，即達成目標前，80% 的成果在後 20% 的時間和努力獲得，意味加倍法則 64/4，要有耐心和堅持，絕不放棄。

7、應得定律：人得到應得的一切，而非想得到的一切。命運修造者必須提高自我修為，則應得的不管質或量的不同獲得都會提高。

8、間接定律：要提高物質和精神的價值，必須從提高他人的價值間接實現，如不赤裸裸追求最大利潤，致力為客戶提高優質產品和服務的公司往往長盛不衰。

9、布施定律：就是「給出去」，大愛心包容一切光明、黑暗、美醜、正負、空間真空，全都是一。任何東西，金錢或物質、歡喜心、憎恨心終將成倍地回報你身上。

10、不圖報定律：施比受有福。布施時永遠不要企望獲得回報，越如此，你的回報越大。

11、愛自己定律：一切利他思想和行為的開端，就是接受自己的一切，並真心喜愛、滿意自己，只有這樣，才能擁有廣闊的心胸愛眾生，愛世界，真正的歡喜、安定、無畏。

12、負責定律：人必須對自己的一切言行、境遇、生活負責任。汲取教訓，跳出來，向前看，持續學習，不依賴執著過往已經發生的錯誤或不幸。

13、寬恕定律：消極思想的樹根就是嗔心，砍掉致腐根，必須懂得如何卸除這精神枷鎖，不管傷害過你的對象，或者你自己，以前種種譬如昨日死，以後種種譬如今日生。

銀河法典

第一章　神聖恩典法則

所有眾生都享有不可剝奪而且無條件的權利體驗正面積極的生活經驗。

苦難痛苦沒有價值，生命從來不是為做牛做馬或生存死命掙扎而生的。眾生都能過著有生活必需品保障的生活，並鼓勵加強自己與源頭的連結。即良善道德法則。

第一節　豐盛法則

所有宇宙眾生都享有不可剝奪而且無條件的權利獲得物質以及靈性的豐盛。

包括日常生活上所需的豐盛、富裕跟美好。

第二節　揚升法則

所有眾生都享有不可剝奪而且無條件的權利進行揚升。

利用先進的揚升技術和救贖電子火焰，協助自願選擇者與其他眾生結合，調和他／她在靈魂家族生態曼陀羅中位置。

第三節　二元法則

所有眾生都享有不可剝奪而且無條件的權利保障對立極性。

調節靈魂家族中所有關係，雙生靈魂或者靈魂伴侶存有之間的結合，以及其他存有之組合，這些關係得無視對方的發展階段與外在條件。

第四節　訊息法則

所有眾生都享有不可剝奪而且無條件的權利接收所有的訊息。

保障眾生有權可以獲得必要的資訊和數據，增進自己的決策判斷，身心成長和幸福，明白自己在宇宙中的角色，以及使用更宏觀的視野認識演化。

第五節　自由法則

所有眾生都享有不可剝奪而且無條件的權利獲取自由。

允許眾生都有感受無限可能的身心靈成長和生命體驗的無限潛力。但自由並非無限，以不妨礙他人的自由為原則。

第二章　分隔衝突群體法則

所有眾生都享有不可剝奪而且無條件的權利遠離負面環境，並且保障自己不受其他存有的負面行為侵害。

規定光明勢力必需分隔交相衝突的各方派系，以防止他們互相傷害，接著，居中調解，直到平息衝突為止。本條文經常被引述用來結束戰爭和其他武裝衝突。

第三章　善惡平衡法則

如果眾生選擇過著反抗銀河法典的生活，負隅頑抗，或者，已經無法當下接受條文內容，好平衡過去所為惡行，這些眾生將被送進銀河中央太陽，變回基本元素，並展開新的進化週期。

一旦黑暗失敗，黑暗勢力的存在們如果願意接受銀河法典，盡其所能地懺悔彌補他們犯下的過錯，會被寬恕，並且加入銀河聯盟。如果不能或不願意接受，會被送回本源，所有的性格和靈魂本質都會被電火分解重組，他們的神聖火花將重新開始。

第四章　神聖介入法則

銀河聯盟有具有不可剝奪而且無條件的權利介入所有任何違反銀河法典的人事物，干預行動得無視發生違反行為的當地法律。

本條文適用於光明勢力針對被佔領星球的政策。銀河聯盟有權介入任何違反銀河法典的區域、文明、行星或太陽系，不論當地文明的狀況為何，銀河聯盟都有權利進行介入。銀河聯盟得運用所有的和平方式，達到教化和維和目的，如果違反法典的行為抵達臨界點，銀河聯盟有權動用武裝力量。

銀河法典調控所有的光之存有相互間的關係，以及他們與黑暗勢力與被佔領星球關係，與在這個星系裡及其他一切行動的法律依據。

第一節：所有眾生都享有不可剝奪而且無條件的權利於必要時刻請求銀河聯盟進行援助，銀河聯盟得無視當地法律展開援助行動。

第二節：銀河聯盟具有不可剝奪而且無條件的權利落實銀河法典，並於必要時動用武裝力量征服違反銀河法典的區域。

本條文是銀河聯盟以武裝力量解放在這個星系裡被佔領星球的法律基礎。此力量得主動消滅或協助當地居民，推翻黑暗勢力以及營救人質，其他的工作人員隨後會指導居民，逐步幫助該星球加入銀河聯盟。或許，有些人認為，銀河聯盟無權介入地球事務，而且人類才有權解決自己的問題，這壓根是錯誤的想法，地球上大大小小的戰爭和對基本人權無止盡的侵犯行為，已經證明人類沒有能力處理自身困境，最好的辦法，是讓有智慧的守護者引導大家，銀河法典終將成為全宇宙通用的道德守則。

第二部：
科學和工藝的奇祕起源

天饋
從陶瓷器到光電

陶器 Pottery；錫釉陶 Majolica；精陶 Faience；中瓷 China；精瓷 Porcelain。
炻器 Stoneware[註a]，琺瑯 Enamel，燃燒金屬陶瓷 Ceramic。

陶瓷原料採用地球資源，不同元素有不同的晶形和特質；等於說，也使用到境外太空冰雹土石流－彗星；風燃硫塵碎石－流星；以及，以近光速賽跑的輻微粒－隕石，公認其保留太陽組成分子電漿磁場與反物質[註b]、高次元生化組合，可能揭曉星系的移民和進化史、方式，而單獨形成一門陶瓷天文學，來自星系星門的玻隕石掌握礦物世界，守護提醒，勿忘我們是來自星際的兒女。

由於宇宙是個整體，地球乃太陽系一個粒子，系外尚有浩瀚銀河，美國西北大學計算機模擬宇宙大爆炸，星系轉移，超星大風吹，銀河系大約有一半物質來自其他星系，包含人類身體原子。1964 年，羅斯威爾存活者 EBEI 轉達，使團贈送美國阿卡西水晶球（註 c）1992 年地球盟友加入正面昂宿天狼集團，次年 Cetacean's 邀請參與地球星門守護者 Guardian Alliance；2008 年報載，時代轉型者－歐巴馬領受澤塔黃皮書、地球歷史，次年獲諾和平獎，跨出宇宙外交一步。

目前，人類正處在一個前所未見的大變局中，5G 行動網速 E 級秒瞬百萬兆次的浮點運算，雲端、乙太快捷通切換路由，AI，光學 VR（虛擬實境）／ AR（擴充實境）全息影像元宇宙感測互聯網，反潛、遠距、精準、即時、不對稱戰術改變了戰爭型態，新機會湧現同時，地球的民主生存也更脆弱。超限的未來，需要各國超限視野，找回根本文明給予的思考作為，地球調整自己，從 3 維升 4 維，推力來自人類本身的精神進化，百年後收割，將不再是地球村，而是星系村。

註 a：Illite　雲母高鈉鉀鋁低鐵風化　產於溫州　承德　長江和黃河中下游　膨脹係數小離子代換量大　抗急變高溫　機械性強　光滑細膩　未玻化　無釉不太吸水　如原始瓷　唐三彩　漢綠釉　長沙　汝窯　宜興　大陶缸　建築化工耐火材　橡膠油漆　卓越的物理性能加味航太　核淨儲　生物相容　伊利諾州發現命名

註 b：反粒子組成　電磁輻射點暗　在慢速下是冷的　黑洞正電粒和負反粒被重力扯開　一個成虛　一成光

註 c：記錄星球　太陽系　自己社會文化宇宙生命輪迴歷史的圖書館　科學香港 2022 10 7

一、古代東方神國

〔史前－三皇五帝 260 萬年前－ BC2200〕

中國祖厝是四靈各七宿，銀河中樞派崑崙紫龍盤古分開陽清天，陰濁地，傳他生於一枚龍蛋，有翼，由應龍撫育，創世累死化生萬物。

地球有恙，住天狼的女神收到呼請，偕昂宿投胎亞特艾歐娜聖女，保護聖杯，教導菩薩式的生存技巧、五元素、玻陶、煉金，轉世者失憶前世，內在頻率仍高，能夠轉念調適任何時代變化，不消沉在苦慟哀傷，談吐能夠呼喚薔薇盛開的話語，會電磁科技的駐紮希臘山上（註 1）。中國有亞特、雷姆 Ur-T 基因，原始人依山傍水和金字塔而居，《山海經》太古神州萬物有能，故有靈，珍禽異獸散居日月川嶽幽冥（註 2），舊石器時代至 1 萬 6 千年前，山西襄汾丁村人齒列似蒙古利亞種，以色列大學探出，植物有嗅聽視覺，缺水剪枝時會低頻地喊痛。地層堆疊豐沛金銀銅鐵鉛煤、石灰岩、泉水，瑪雅和非洲採礦，捷克雕阿嬤陶人，江西上饒燒未澄漿陶容器，歐亞原屬和平母氏高度文明，惡靈入侵，印度洋核爆大水，中晚期，智人不亂婚，懂建屋、織縫、冶煉、磨石、岩畫、珠寶、葬儀、語言、樂器、舟獵。

穴居人梳化，樺樹瀝青黏補，松杉煙墨刺青，燧石松脂篝火，捏揉黏土燒結烹飪儲存器皿，快速升降溫，空燒火燥，胚土孔洞大、密度小，幼幼班難免奶音，管用就好了。新石器時代陶玉銅漆器隱藏許多天象，若銀河、黑洞、蟲繭、蟲道、UFO，似乎指示人天歸鄉之路。例如，大約同時迴欄耕牧的黃河裴里崗、磁山、老官台三足缽；長江河姆渡、跨湖橋盉，大汶口觚類變化最多，有白陶鬹，有弦紋，細腰，小圈足，也有附穹形蓋男性體態，彩陶支座如豪華飛行器泊塔。遼西石砌、河南蚌殼龍都有羽，蘇美、陝甘、瑪雅人頭陶、伊里亞水泥，靠譜白山黑水、太行崑崙、高加索、三大半島、中東、安地斯天下莫非都是龍土。

傳各色泥土養分製出不同人類。三皇五帝約8000年前，文明三級跳。羲媧母家藍田從無愛恨順逆爭端，歐洲聖書體認是含後代，天文大數據《易》金文似鳥，教中國至尊、至愛、虛無、絕對、相對戰勝困難，予先天或神傳輸的特異功能，崑崙火祖燧人三隻眼，羲犀骨，炎牛首，《冰鑑》觀相表率國之棟樑，大尊貴。

《河圖稽命征》：黃帝之母感應雷電極光生軒轅，都冀；祝融神農征伐，帝修德振兵，替天行道直接王權，收諸侯，東夷不買帳，齊魯兵主－百藝祖神蚩尤見他一度逸樂怠政，吞沙石作五兵，呼風召雨，帝涿鹿九戰不勝，學九黎銅五刑、天女魃司南除霾，聲波磁衝蚩尤內建天線（神經電路纖毛），應龍水淹擒殺他，頭成饕餮，冀州起出銅頭鐵額骨如高級合金，高十米，判斷他是智慧AI，向西蜀南楚去。外星驚歎《祝由　內經》惡念催毒，小分子與神經交頻，太極氣循環、血發訊，以光子機制星雲、塵埃、氣息、旋律仿製，兩交疊金字塔如達文西特魯威人八頭身比例。帝製黃曆，安太歲木星－蒼龍，統合倉頡碼形意字，問伯高：何陶天下一家？回：上有丹砂下有黃金，上慈石下銅金，陵石下鉛錫銅，赭有鐵。新鄭8-9千年前養豬緇絲、龜甲鍥刻、乳丁陶鼎似在追懷生命起源，與河北磁山均為仰韶古國前期。

5-8千年前，和闐玉石之路、三星堆璧琮觚發動引擎，紅山天圓地方相套璧琮，是天地間的通行證嗎？風車星系主神斗姆，以竿地圓日影方向校位，兄妹神雙矩拼方丘，對角線規劃等邊長（註3），球形祭天三圓丘直徑與祭地方丘切線比均在根號 $\sqrt{2}$，參透阿基米德邊與邊的奧祕。坩鍋煉銅，玉器含龍、鳳、龜、虎（四足雲紋珮），隕鐵鷹首權杖，夸父追日玉板，玉龍蜷環即地球，中嵌七殖民星，亦含薩滿鷹、太陽神韻，傳幫地球回到5維的三眼長頭玉人與阿奴那奇、埃及法老、祕魯帕查卡瑪克、帕拉卡斯頭蓋骨類似。俄南庫爾干Ⅰ星戰歐亞，進攻型武器引發聖妓父權社會，阿聯用珍珠、阿曼用乳香交換伊朗蘇薩輪陶，埃及塔廟鑲玻璃，考英國生命之花二天梯石圈雙魚圓環，穿過對方圓心，似音箱反射回音，遺址蜿蜒成直線，內三角涵蓋金字塔、麥田圖，正二十面體構成了物質碳核生物學的基本模式。

諾亞時，赤帝子、百工師－共工築堤排堵水澇，損鄰，抗顓頊強壓，黑日拽六小行星撞洋，天破，倒出臭氧冰霧洪水，被舜流放幽州渤海灣，貶生窮奇。女媧在山西丹霞化煉玉石琉璃，引日月針、五星縷補綴縫原大氣濾光板通道，摶土孤雌繁殖原生質碳基矽骨計算機人混血兒，伏羲受獻龍馬〈河圖〉黿龜〈洛書〉開宗伯苧符針炙，八卦造網罟。帝嚳二子釁鬥，契封商（河南夏邑），主星心宿；實沈封參（山西太原），主星獵戶，永不相見。

漢方和印度吠陀視人與大自然一體，草藥搭配風水地火自癒法，較跨國藥廠利他。神農姜投藥，用茶解毒，教人熟食，只用盤古一粟米燃石，夜明珠便輝映一堂，置水能沸溪。病毒射門得分的漏洞在迅猛式食補，《本草》硝石、硃砂都上等藥材，中國煉丹稱黃白術，媒介酵母歐洲稱「賢者石」，煉金二要素水銀、硫磺，化合物辰砂（硃砂）硫化汞，依礦石比例區分貴賤金屬。黃金儲藏電荷，曝露微量單頻能量白色金粉可達重力漂浮、隱形、治癌、修復DNA。卑金屬可鎏鍍金、配製萬靈藥，硝桀驁不羈，火法加硫磺木炭變弱性火藥，水法硝酸鉀加明礬成神仙水；重半金屬水銀含砷鉛銻毒，砷與多種礦物也可合煉冷兵器。汞沸點低，導電熱遲鈍，1911 年，荷蘭用液態氦冷卻汞，在 4.2 K 電阻全消，是人類自己文明史上最早特定臨溫下永久電流 0 電阻超導體。

薔薇擔綱平等，女作陶，男治玉。巫山大溪文化製觚、豆，河南蒲城陶觚勻稱健美，5 千年前的窯爐頂鑿穿十幾個黑洞航站火孔。仰韶母系彩陶從隴西到遼西，草木灰燒、脂肪膠泥保色，蛇首小勾鋬燒錄地心、地幔、地殼三界面（圖 1-1），半坡漂尖底陶瓶、鄭州碩腹壺、觚雙連彩陶瓶和禹州瓦店黑陶觚拜堂了相敬相親新宇宙。伏羲河南濮陽蚌塑〈河圖〉青龍白虎北斗，拱頂金牛星「眾星皆拱北／無水不朝東」，同年，安徽含山出龜腹八芒玉鷹〈洛書〉。遼寧小河岩飾品響應米洛斯端莊嫵媚化妝術，尊寵生育女神，卍神明貼身伺候萬德吉祥海雲，和烏克蘭特里波利彩陶太極魚、俄國、伊朗、巴伐利亞反向旗大單一獨裁新世界，似銀河老帝國二維核心，生命搖籃，碳（鑽石）鏈雲也列出該符號。

圖 1-1　新石器　馬家窯式漩渦紋彩陶甕

雅各貪圖位分離棄神，神不棄他，告其母「未來大服事小」，以撒和以實馬利都成大國。《拾遺記》十丈童顏宛渠人，家十萬里遠，乘螺舟與始皇聊天，見過天地初開，黃帝採首山銅鑄三鼎荊山下，高智見金火氣，既成，有似龍的垂髯支架，電台呼，就來，帝群臣後宮七十餘捋彼上騎仙去，動力似兼萬有引力重力、拒力反重力的乙太電漿介質，不噴火，飛得很乾淨，也談到冀州堯和酆鎬丹雀雲彩，與多貢長老說五千年前祖先乘兩龍形「月亮之星」飛船來教他們知識，救天災（印巴核戰？）不謀而合。中國和杏眼黑頭人蘇美同黃種，傳帝等都巨宇宙人（Extraterrestrial intelligence 簡稱 ET），以天地中心建木樹往來，光之源－

銀河中央太陽超光速粒子比光傳更快，4200 年前，負面種族傳送人形和類人，毀女神崇拜，大旱，梅加拉亞期滅絕。

霍金：宇宙平滑有限，無邊界，如質量和長度無限時光機 - 無底與定向、容量裝不滿的克萊因瓶伸縮管（圖 1-2）。蟲洞自閉時，沿 2 維弦同方向走，會跨直線空間正反面回起點，行星門穿異維入口常在同緯內。早期物質、光平衡，1922 年，傅里曼提大霹靂，真空塔尖電火球（或 1 維弦），蘇聯捉到光爆，假設百萬分之一秒的百萬分之一時間內，比光速快太空颶風倍數暴脹，攪動漩渦雲，相變，微曲線、面、三元次方量子世界（註 4），40 萬年後降溫跟密度，最低溫，光電破損（註 5），電熱交感，掃蕩黑體：蒙塵的最古老光 - 微波背景。重力波與輻射分開，背景宇宙清澈，光子行星才在銀河天馬行空路由。6 萬年前，4 維獵戶造復活島巨頭，天狼和波江星人監工，紅帽子白珊瑚眼珠靈力聲振，又空投祕魯 Q 版類人沙畫，1 萬 4 千年前義大利瑞士西葡山區 GPU 專才運算、念力速成的旗標台，曼荼羅卍節結鏈輪轉 8 千萬年宇空全訊息，身心靈修真善美，人死回顧孽鏡台一生，學習點數快的，好轉世也多。

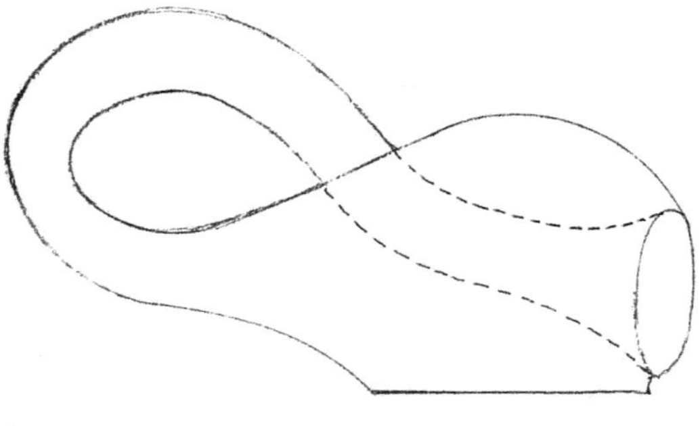

圖 1-2

地球再喧鬧，宇宙寂靜無聲，瘖啞黑洞聲音放大後如億萬軍馬呼吼。雖說，暗鴉 Dark Corvus 主導大尺碼光年，強磁扭曲時空，重力封閉時間軸；正面意志（絕對）和負面隨機（偶然）靠邊與邊的有譜共融轉機，世事變，道恆常不變，碧砂漁港起伏渦瀾，似石峁玉器不同厚薄。1964年找到恆星與星系之雛－黑體曲線時空漣漪重力波，銀心流向黑洞有海嘯磁吸，漩臂外擴時空曲率無限大，瑪雅電路板高斯函數多尺度空間適用任意維，如二維平面影像辨識，除非刺破扭轉 180° 上下前後左右內外、開闔、曲直、快慢、冷熱、虛實、正反雙軸四隅八荒，2014 年證實暗波擠壓力，金屬會成紙片，超洞高噴輻拉得住光，ASMLI1 奈米晶圓必極紫外 EUV 光阻刻印（註 6），星跡未必一條平行線，故初波理應有帶狀連續光譜。

古人壽千，身高三至十公尺，小人 1/12，巨人不報恩還燒死托鎮漂浮仙山的大龜，觸怒龍族天帝被奪智慧潛能壽命後只剩中高人類生存。

唐堯為紅龍神農支，山西襄汾陶寺窯圭表授民時，一年 366 天，官坊玉琮、朱符扁壺、彩陶蟠龍、豆、觚、鼎，黃丹洛石銅末鉛鉛鋇乳化，牙硝仿瓦罕走廊下祁連的埃及美甲、大月氏寶石金銅。西海有兩棲舷窗透光夷狄服羽人巨貫月船來旅遊，食地味，羿射九日發光飛碟？黃龍鯀盜活息壤悶堵惡水，被舜殺成檮杌。舜桎堯，禹逼舜，奸巧遊走善惡無常，《竹書記年》盛德之士君不得而臣之？

奴隸時代生殺予奪，《周易》上古設養龍官，山東舜受龍銜〈河圖〉，崧澤（上海）羽民多住活殉亡魂的煙花酋邦良渚（圖 1-3），聚嘉湖璧琮、三足鼎、豆、磨石地陶刻咒符。7-8 千年前，餘姚馴化豬牛鹿狗、腰機織布、夾碳黑陶，上虞如銀河漩渦紡出慢輪陶。舜陶匠期作品符合大汶口父系龍山灰紅胎黑皮陶，丁公羌彝陶、昌樂骨刻、南龍山高郵陶文亦屬東夷字。精密原始瓷鼻祖－蛋殼黑陶燒於夏都平陽部落，章丘高足杯（圖 1-4）觚形，高嶺擊密，煙燻滲碳，貝殼磨研圖拉石平整反光（註 7）略高溫，節數像 3 維以 2 維的小視野硬數據，穿透球體表面黑洞，翻牆脫胎換骨成高維軟物質，筒槽仍有許多小入口維度接頭，轉輪紋如青海石碟奈米字波（註 8），不吸水，挺拔，壁 0.5 公分，細瘦比試鋁熱導非恆暫態陶窯，與良渚都毀於兵火洪峰。舜裔－羌辛店遺存齊家文化，尚白，轄區重疊夏周，傳囚殺商先祖的牧羊人羌是夏甲子嗣，摩蘇爾華夏似正正子、負電子，夏鼐先生地層考古反證歐亞間應有一條彩陶之路，或狄道，互相作用、互為主體，三代未必西來轉載文明。三上次男考遍亞、非「瓷器像流水滲透到美索不達米亞的各個城市」

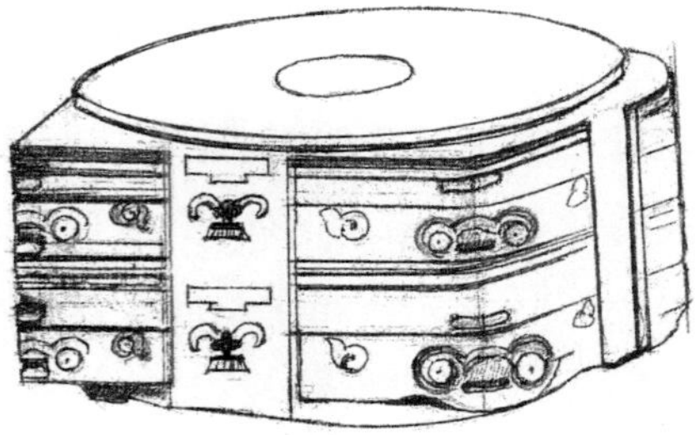

圖 1-3　良渚玉琮　浙江博物館收藏

圖 1-4　龍山文化黑陶高柄杯

氏族領導的上峰主公權力推動文明。4300 年前，西安石峁金字塔文化，似夏初廢棄黃帝故都，啟殺伯益，少昊不服，甘戰，俘姬，陶寺窯毀。草原味《山海經》獨目國，擁天下材質階級文物，富且沛，石城牙璧、獸人齒輪套臂串聯晉堯邦國、九黎良渚神訊息，纖薄如紙的大玉器似採動物筋絡麻繩石英砂，比美切割半徑 1/10 萬分金屬線，海綠石壁畫料來自雲夢？中東？陶器豆、鬲、三足尊兼河套曲流與仰韶龍山印痕，冰晶幾何，金文載，西伯利亞紅髮巨人幫內蒙哈薩克萬金國奴打跑外星人，原始印歐四散，烏拉山 Arkaim 突變空城，10 萬年前銅極紫外光刻微縮螺旋老奈米現蹤。

煉金術源自非洲阿普斯，前 4300 年，共濟會綱領光明之年，亞當悟到神智，《猶大福音》「世界之王不能勝過他們」，《希伯來書》暗示該隱如尼采《查特圖斯特拉如是說》命你否棄我，並發掘自己，神不悅納素祭，殺親，流離，法力高強的墮天使女巫同情他，餵己血充飢，天使、人、魔子嗣 13 支，屬人，通曉伊甸蘋果奧秘，諾亞信神，用橡柏膠水焦油鐵鋁鈦鉚釘打造方舟，索多瑪、米洛斯毀，印巴核戰後，只諾亞眾子石匠有剩餘幾何科技，都到士拿地巴比倫造眾神門廊－巴別火箭「在一個 Mu 裡飛越所有居住土地」，神看透心思，使 72 種異語：北非、瑞典、英、法、義、德、奧、斯拉夫等，無法溝通，潛力受囿，通天塔未成，從此四散暗道地理、音樂、冶煉、紡織刻祖師爺文明企劃書 - 石柱會徽，嚴守秘密。5 萬年前人類出生，姆、歐亞美洪水頻繁，日本改編 1939 年 H P Love craft《哈斯塔的歸來》克蘇魯族－ Ca 深潛者，召喚亞特 35 萬史前魚人，因城市沉毀朝海底淨土發展的旁支，光感應。Pre 核爆 D/R，剩下 2% Nibiru，地質上夾雜無數小滅絕，蘭因絮果，花開花落終有時，文明麥子一蕊又一蕊，現處新生代、第四紀、全新世冰期 11700 年前至今，多墜隕，石器時代白令天之浮橋暢通時，北亞銅麥膚獵人便狐狸糊塗跑到美洲，當起樂不思蜀的印地安人。

神給各種族兩塊許願法版，占星、煉金、通神在東地中海西亞很普遍。前四千紀，瑪雅曆記地球被創造，天空法律的宙斯木星之子－赫爾墨斯（諧音愛馬仕）持尺數字母，龜甲豎琴，催眠笛，卡巴拉人神合體三能環空虛、無限、光、22 螺旋急救盤蛇杖的商旅拳擊體育畜牧保護神，亞歷山大得到 13 條祖母綠箴言版，告誡錢道如孔方兄，外圓內方，誠信互利；天鵝涅墨西斯討厭有福卻貪得無厭者，目的原質→地水風火→三原素→有益健康新品，故藥膳、食療、烤麵包也是化腐朽為神奇的煉金師，而非斤斤計較暗影術士偷學物質轉化，煉賤金屬成金。碑又吸收各種魔力，伊西斯的眼淚－尼羅河依天狼太陽曆歲差潮音漲落肥土，蜥神蘇貝克止水患，阿卡德《吉爾伽美什》元前 2700 年，王在馬賽克神國伊拉克 Earth 烏魯克誘殺求饒乞命的樹怪，人類世迫害自然發展農業，與楔形王表說，起死回生難自取，洪水天地不仁，一體無私，之後，出現二個神。

星際合理的孔隙密度為每立方米只有幾個原子。科學家比較單元子金和熱水銀間的反重力，發現孤立原子很穩定，不和其他原子形成共價鏈，能取回原本的化學耗能，在反覆加速中，輕化扭曲原子核內粒子運行軌道，不受重力影響康復，明慧，穿越，樂齡，黃金光澤為一種靈氣，阿奴那奇來地球是為找餵養 DNA 光體白粉－埃及硫汞緋金、紫色食物、亞特山銅、聖杯石、晶柱、激光鏡，雷姆純金（註 9）。

金屬分雌雄，會生長，變金。每隻主掌精靈各具特色、屬性，偏移空間分歧的蜥人說，天外有超多宇宙，每個物理特性不同，隕石－財富威望的不老石，天外擋煞聖物，富鐵鎳鈉鋰硼，2015 年，NASA 發現它含複雜胺基酸，可給地球帶來生命，在紅巨星或星塵形成，圖坦卡門鎮墓聖甲蟲係利比亞玻隕雕刻。1931 年 H C Urey 研究水密度時發現代氫－氘，可作核能減速劑－重水，人體本來就有氘氚微輻，靠吃睡自衰，和電磁波、磁場互牽；電壓（變動磁場）產生電場、（時變）電流又生磁場，肺泡掌 CO2 和 O 交換，雨林等燒壞，氣管稀釋黏液電氣會從傷口滲漏，經穴栓錮器官失毀、酸疼、勞累、催眠預警傳輸滯礙。磁徑與電子排序順列有關，令人熱血沸騰的克卜勒深空獵戶火鳥大星雲 4 維方中方、塔中塔，內拜月（感情）外拜日（決斷），啟明光、電、磁的麻吉，徒肉體不能超光旅，高溫電阻磁矩整齊，磁鐵失溫，巨磁阻效應將應現在磁或非磁材間的奈米薄膜層，是故，微量場很重要，發電機、電算機、記錄硬碟磁儲存、垂直寫入都是光速小孩起手式。

註釋

註 1：諸神的魔法師　亞特蘭提斯在哪裡　可能是埃及神話中的一灘水　關鍵評論 2018 7 25

註 2：小精靈取材自后髮座星系中 Lang 星球　浩瀚萬象　超過 82 種來到地球的外星種族（2）　2016 7 23

註 3：工會始祖　1717 愛丁堡　Mason 共濟會分規角尺隱喻六芒水平儀　自由石匠謀生工具　女圓融男方正

註 4：微積分　微指量　函數　速度　加速度　斜率　積指面積體積弧長　推算維度空間變換的位相幾何　互為逆算　引力奇點是大爆炸始點　原則上可取一維線或二維弧膜形式

註 5：蝴蝶效應　動力學中微小定數帶動巨大連鎖變數　量子凝聚一定低溫　觀測二維物質極冷下之相變（拓樸）

註 6：楊長庭　劉鉓誼　極紫外光微影之高階材料檢測分析　工研院材化所　2022 2 5

註 7：似金屬可測微小電流　排列不平滑的導體結垜不均勻的磁場會電離熄火　或者容易電暈

註 8：微影光罩　1 奈米 =O、000000001 公尺　目前 IT 物理極限是 2 奈米寬　線距越小　體積越大　電流強穩

註 9：鉑鉻鋐鍩鈷鎳銅銀金鈀釕鋨 可被驅動激活過渡金屬 阿奴那奇為什麼需要黃金 2020 2 21

二、文物中的隱形震撼彈

〔三代 Bc3000-Bc256 秦 Bc221-Bc207〕

元前 2600 年蘇美刻泥磚，埃及砌石磚，見魚放電，印歐準備亞茲德拜火，閃米建首發中央集權阿卡德帝國，混成殘刻尚武的亞述。馬家窯和美索製銅器，埃及錫釉拋光 Masaic，神授蘇美四部法典導正社會分際，堯舜命外星因果律法種子－皋陶任理官，波斯雅利安涉草原至甘新，埃及方尖碑、水鍾滴漏測日夜，瑪雅開展。元前 2070 年，庫爾干散歐亞，蘇美定農時，夏姜匡法制政府，河南鄭州二里崗陶觚曉民以理，始繩觚紀，明知故犯罪加一等，鐵面閻羅－獨角獸獬豸斷獄天下無冤，仁德歸昌，據《九德》取才，手工順天道。禹受河伯〈洛書〉按九州雨水淋融率納賦，九鼎《禹貢》規格送蒲坂，河流疏洪大海，放風箏、誅澤怪，皋陶仁心格物協理治水，會諸侯後過世，子伯益繼之。

堯舜禪讓，禹陰傳啟，世襲三代公國奴隸制。寶雞出土旅鼎，萍鄉紅灰陶弦紋觚；中期，商城林立，晉豫祝融昆吾國－臨洮辛店青銅發球，與登封、洛陽、鞏義藍銅仿象牙玉陶，綠松石銅牌取《易》物有序，踐之，吉（圖 2-1），將舜流放四方的虛空鄉愿、不辨是非的混沌；沒信用、專吃忠直的窮奇；頑固不化、狠傲難馴的檮杌；暴飲暴食的饕餮；反覆旋轉混種這些反四靈，牴善揚惡的龍、蛇、豬、熊、牛、象、虎、羊除名天使部族，大儺翻雲覆雨，祛逐妖邪，力大無窮，克盡天下水族，授助銅觚魑魅魍魎不侵，食蠱濟人鎮國大任。安陽漆、陶、剛玉砂通天琢玉，旋車鑽孔，織染卜骨，禹碑夏篆。印度醞釀佛誕，原無像。《左傳》天降雌雄二龍，夏豢黃河龍，啟晚年庸碌聲色不勞而獲，受命於天的下帝日落西山，桀，天琴流星雨，創最早的集體消亡天文記錄。

天降玄鳥，域彼四方。湯廣納賢才，伊尹粿草木灰釉初瓷，以鼎鑊煮飯氛圍製陶、行王道，滅夏，青銅觚爵觶觥籌交錯，殷墟慢熱 Al2O3 瞬升溫慢冷白陶、青瓷豆。最早的原始瓷標本是商中期山西夏縣、河南鄭州……等青瓷，高溫還原仿玉銅甲骨，江西吳城最早還原燒龍窯陶文，龍外掛一些傳人功能，2016 年挖出蜀三星堆參宿腰帶文明（圖 2-2），二屍距今 6-8 千年，金杖面具背後的琮巨人分離銅鋅鉛、焊接，晉、皖、豫、魯、黑、浙贛產高嶺，商黃河細泥灰白觚，可像埃及拋光絕緣石灰石信息台與千年前澳洲混凝土前身？

圖 2-1　殷商　二里頭綠松石鑲銅獸面紋牌

中東三強：中介埃及蜻蜓眼料珠和巴比倫水利的土耳其龍族 - 西臺，早商（前 16000-）漸入鐵兵器、陶水管衛生，澤塔鉬矽飛碟碎片似兩伊西臺楔泥板。有色人種一對一，武丁女人婦好一手主祭，一手揮舞銅鉞殲滅來襲的雅利安，助王中興，強征土方，黃龍晉陝，戰無不克，分封諸侯，謚「司母辛」10 觚 9 爵 53 件觚。殷觋，人死到 4 維，穿牆越壁勝過快馬加急，祭禮先祖後神，以女力戍邊，匈奴、周蠻、親兵家屬殉葬，

圖 2-2　新石器　贗漢三星維生命樹

傳 4 光年外的半人馬天神 Centaurus 帶來分子功能處理機，鈷寶片遺澤一個顛峰文明，陶絲綢佳良，青銅尤冠絕天下。王大墓生殉物到靈界，小屯卜甲灼刻蠱、疾，約同時代的是埃及娜芙蒂蒂夫君阿肯那頓頒佈一法則（南非庫利南產鈷魔石）、荷馬史詩《伊里亞德》黑海亞馬遜女超人。1193 年前，瑪雅文明母體奧爾梅克、美索瀝青船將發，以色列打鑄金葉國貿，牛角帽腓尼基（黎巴嫩 敘利亞）海上民族向東拓墾，希臘聯哈圖沙出草特洛伊，金星女神子逃羅馬，史家解讀該戰役，實為貿易權而發動；二世紀石浮雕亞馬遜、阿契利亞女格鬥士同分，後混血雅典、羅馬尼亞、烏克蘭、伊朗、匈奴、蒙古、哈薩克，希姆萊想藉年輕高壯的黨衛軍振興條頓騎士，建立北歐人主宰的牢固帝國，始招募韃靼芭比去南極。

仰韶中晚至西周，青銅孔雀石配方，炭草落灰釉。半坡大陶坯成型拍板、卜筮陶符，人面魚紋童棺彩繪 Animal planet 歐亞志留神話中，騎海蠍，潛音與鯨豚唱和，善歌紡龍綃，滴淚成珠魚脂可製長明燈的鮫人。1980 年，河北南楊村出土 5400 年前陶紡輪與繭式陶蠶蛹。司馬公說：紂聞見甚敏，其舊斗數外「宣夜說」，日月星辰的運動規律是由它們自己特性決定的，沒有硬規則鐐銬，這朵神性起源即學閥封口的人類精華－原創力。晚商觚如超新星合併的漏斗隧道。中國、中東都從一個抽象青剛櫟果小質點，聚形成主權國家；周為堯舜農師，亶父遷岐山（寶雞），易覺有感知，不吸引無意識的生命體，文王《易》接〈洛書〉，應〈河圖〉內聖外王，分星疆土，一橫一點一個 0，也攝受基因、電子電機、太空戲本，紂狩紅顏禍水，貪杯，夷齊勸勿伐朝歌，蜥人呂尚背紂，奇門遁甲時空交錯收紂青龍鄧九公，叫武王詆毀紂，封齊，興漁鹽之利，東方七宿首印泰山封禪銅鼎內。英國學者說，討紂主力－猶太羌（姜）幾百年前來巴，牧野戰後，蒙古種切入墨西哥，絲路大道通地中海。

赫赫西周殺俘告捷，「宅茲中或（國）」陝西相對地角蒙藏巴豫魯蘇楚越四夷，記取舜的名實合一天命觀，貴族屍身旁置蟲洞玉琮，定夫婦主從，守節，七曜[註 10]二十八星距度序。周旦和以色列但旗幟都標龍蟒，《周禮》國子監博學、篤行、修身，定觚容量二、三升。「蓋天說」指天像笠鍋地棋盤，銅缺，陶觚漸精緻，但陶瓷的侈口訊息區長度延伸性不及銅觚。長江氧化燒原始瓷，屈家嶺還原灰陶，上虞高嶺弱鐵胎釉堅緻，焙燒 1200℃ 以上，初試啼聲開嗓錚鏦，溫州瑞安伊利係常壓下唯一穩在的鋁矽化合物，皖黃山瓷石、贛銀光閃閃麻倉鈑、豫白河、晉馬莊、冀邢台、魯淄博鋁稀土使北齊至宋金官廠出類拔萃。

鈑順磁，強力吸鐵，和硼光學必用。鋁多與高嶺鐵礬土鈦鉀鋅共生，亦存深層地幔變質岩漿石榴石中，透明，主產蘇魯新內蒙，別名紫牙烏、碧璽、肉桂等，顏色涵蓋整個光譜，螢幕上很會轉色，威瑪薩克森產 IC 電晶體光纖微中子探測器用的鍺，也產鑽銀錫銅煤鐵水晶瑪瑙高嶺。鐵鈣鋁錳鉻研磨料是愛琴脛盾鎧甲和北亞青銅添加物，與迦太基（突尼西亞）海螺醬汁提煉的紫料不同。西周也鑄板甲（註 11），貼阿膠花鈿，金銀珠寶嵌畫指甲。紫寶包含周秦《山海經》洱水，河姆渡半透螢石和冰晶石都為陶瓷遮光劑。鋁鉛鋯矽助熔，耐高溫摩擦腐蝕絕緣，鋁高展延強化玻璃、防洪隔音、遮 X、電容電阻、電擊棒、CPU 中央處理器矽晶基板、緊急剎車、色層分析、AI 消防人機協作、空污濾淨、LED 藍紅紫光二極體砷化鎵薄膜配體交換（註 12）、電動車全電子產品，輕薄美觀無毒，洛桑檢測，最早晶界在 25 萬年前羅馬尼亞純度 90% 鋁合金。東西方青銅器成分相異，礬土熱電解還原屬高耗能，缺電時，冰晶怎麼軟化硬水鋁土兼顧環保，古電學點子王 V 型反彈？

元前 1 千年，人類祖先都復甦星辰信仰。瑪雅建高架公路、堤壩（註 13）；以色列大衛王破迦南，共濟會海勒姆建所羅門聖殿，精金銅海死而復生；中國聯絲路秀色－鐵器波斯，米底王國哈瑪丹製金銀雲母陶，打磨滑緻灰陶。西周穆王西戎被髮衣皮，很強，中東鉛錫釉西傳，至三國擴大原始瓷生產，西胡獻和田月光杯，耐溫差，透明。

炎黃犬戎亡西周，天譴該隱不死之軀、不老容顏動章，護放園東。《舊約》摩西反拉美西斯奴役，靠約櫃青銅兵器帶以色列到西奈美地，會眾缺水鼓譟，愰惚悖神旨杖擊磐石，尼比魯甩金星掠過地中海，火山爆，十災，沒完沒了的洪水，Bortherhood of the star 聽見希臘哲學家呼救，地殼哀鳴，九州裂，地球是個多神、魔獸、精怪、末日的魔窟。

西臺仰承埃及、亞述鼻息，前 705 年，西拿基立王建尼尼微空中花園引水系統，巴比倫毀耶城，波斯重建，拜占庭建土耳其堡。武成親親分封的蒲公英飄散，晚期，天然氣鑄鐵劍，歐洲、中東、先秦川湘木炭銅渣陶范，配煉熔模因地制宜。赫拉克利特「萬物皆流／無物常駐」，《孫子兵法》獻闔閭，杭州鳳凰山蚩尤禹後－江陵楚墓錫銅越王劍，曼陀羅菱紋金銀錯、成長有序的電磁長晶，似三星堆套鉚嵌接卡巴拉重子冷暗物質，異位硫錫鉛配比、電鍍鉻？印紋鍛打淬火研磨焊切，微分子演算與戰國涪陵巴王白虎紋柳葉劍都無解。青銅方鉛分出低溫矽酸銅鋇，春秋末，范蠡急流勇退，三度千金布盡朱陶還復來。

春秋管仲倉廩足、知榮辱，著《地員》推土地私有，知磁偏角（註 14）。《列子》男天女地，匹婦三從四德，上流采戰，多女殉，理學新風爆發。末代亡靈和行星不回頭，仙佛耶穌觀音都下界導航，瑣聖創火祆，老莊恢復些記憶說：大道至簡「道／生之德／蓄之物／形之勢／成之一」，慈故能勇，視戰勝國觴；蝴蝶君木星十二年一周天；黑龍孔子受只建議不命令的五昂宿天啟河圖，仁恕和平政變，歎禮樂崩，失稜角，觚不觚，作俑偋棄活殉，誇左丘武德。鬼谷辟穀神算，墨子節葬兼愛非攻先知透鏡光學。GF 感示畢達哥拉斯一法則秩序美，協建羅馬自由共和（前 509-27）執政官十二銅表，希臘敗波斯，朱雀庇佑七宿成戰國七雄，前 430 年斯巴達圍雅典，大瘟，希波克拉底依體液均衡法，宣讀自律「生命短促／技藝長存」。唯物論－德莫利克：小豆量構成物質，原子在虛空漩渦產生，靈魂動而元子動。唯心論－柏拉圖：地球是活體，知識即回憶，轉世者近似前生天賦習性，科哲學都需尋找客體的類型和本質，疾呼才德從政。戰國力強的諸侯自稱「寡人」，力弱「孤」，都有居深宮爾虞我詐，任重道遠，高處不勝寒之意。甘新回鶻作銅鋇八稜料珠，四宮象四季四靈配七宿，楚國景德轉輪陶，漢尼拔翻山至波河。

帕米爾崑崙延伸全球五條龍脈，繼承西藏、哈薩克斯坦 3500 年前金字塔陶器，克里米亞、波士尼亞、爪哇塔都上萬年，巴爾幹的塔邊最精準，水泥勝現代。舜封秦先祖－皋陶許，《左傳》齊，賜伯益嬴姓，商呂尚居邯鄲東昇，嬴非卻夷狄周封秦牧馬。武王御龍渡江，虎跳東南亞。春秋，商裔秦趙訂爭霸楷模，穆公得百里奚，征蜀（大蛇國），殉良士，援晉飢荒，自己天災，晉兵肥馬壯征之，臣民詬病，被擒。景公以親信大臣嬪匠殉，擋道周天子，不再銅瓶。獻公止從死，區設縣。晉嬴是趙宗主，孝公商鞅強民本，推法，惠王連橫破縱君主專制，楚墓曾侯乙編鐘、方城鑒缶、六神、漆器四象二十八宿（圖 2-3），蒼龍角宿 α 頭有二旋。美國築蛇墩時，芈月孫輩質於趙，遇尚孫不韋押寶，白起坑趙奪韓周魏，嬴異投秦，阿里斯塔克斯「日心說」，元前 221 年嬴政六合四海，建中國第一多民族封建王朝。金星阿波羅尼奧斯星表圓錐曲線為笛卡兒解析高維、克卜勒牛頓哈雷星球軌道奠基。

前三世紀，河北姬脈 - 中山國銅方壺「桓祖成考」，磨光黑陶豆亮如金屬，銅燈樹和比目蛇取形三星堆，滅於趙。始皇宮闕花磚渾厚樸拙，仿商鳥篆和氏璧即開八國玉印的冷光拉長石。廢分封，授會稽郡轄吳越，《山海經》九江有贛巨人。取《呂氏春秋》五行生剋：黃帝黃龍土德；夏木青龍；商金從白；周火赤烏；秦黑龍水德潤天地利萬物，甘屈卑下不爭又無所不勝，尊周，服色旌節黑，符傳法冠車馬輿乘六，公卿司國，黃金上幣，正一雅語、龍紋、尺斤文字、車軌、行倫，規定皇帝自稱「朕」，用李斯刑獄，北辰玄武主陰、刑殺、冬季凜冰，銷兵器鑄臨洮五丈巨人，法勢術政體續航數千年。

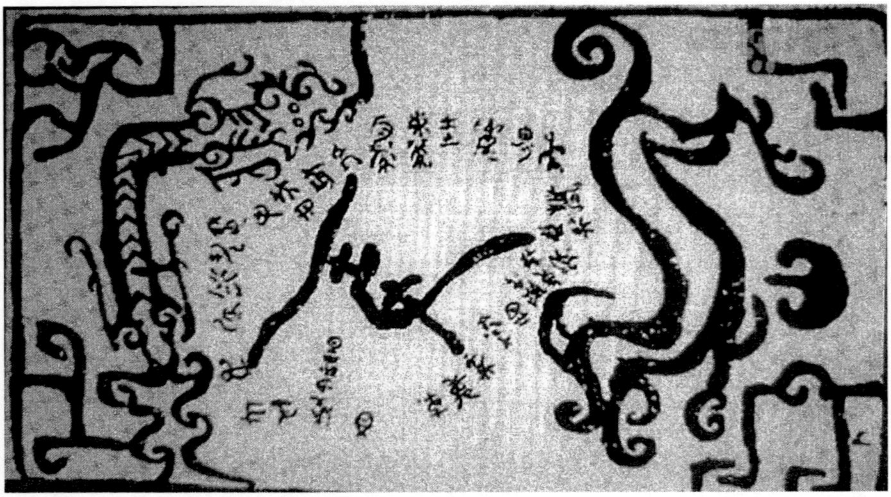

圖 2-3

傳說中蘇一家，始皇是黑海格魯吉亞外星人，諾亞子、雅弗孫後代（原始亞歐或突厥祖先）。不殺功臣，耐受力強，服食鬼谷天隕東海仙草巫山丹砂；今評「焚書」，閒置雜蕪思想，然書都留復本，項羽失三代，餘書存四部、四庫，日本盧淵玄《螺湮城教本》以西藏元前三千年非人泥板翻的《拉萊耶文本》使始皇長生。「坑儒」嚴辦咸陽欺諂方士，然呂相鍍鉻記憶銅兵六藝未絕；誤信亡秦者胡，狙匈奴塞外糧倉，臨潼始塚滿仰韶基石燒成的輜重敢死隊俑，中有綠跪俑；命卓爾不群的扶蘇監軍蒙恬守長城，文書木觚[註15]，途中列鼎擺觚，觚通天地，鶺鴒飛立其上，設鴉觚縣。羅馬史記天上有似飛船之物。量子物理學家總結千古一帝《一法度》：科學的終極，是卡巴拉起點，科學有侷限性，邊界另邊有某種別的東西，在物質最根本層面，我們和宇宙一切都是一。元前 211 年，異相華陰還璧、熒惑守心（火星留商宿梟雄天蠍）、濮陽飛仙隕石，朕即國家的祖龍將昇遐，傳和霍金都在龍脈飛雁宮生命休眠，戰國末，河套回匈奴，二世曲江陵釉陶爐跨絕宋代。

偉人為時代而生，百劫迭宕，但不疏懶。元前 1200 年，中亞雅利安逐水草，冒犯自由民主燈塔－愛琴。前 338 年羅馬馬其頓稱雄，吸收希臘基督愛智文化，亞歷山大帝出生前，父王夢見獅子封印母后玄門，受歐多克斯「地心論」皇權永固鞭策，摜壓底比斯，雅典，目標阿拉伯，東征波斯、黎凡特、土耳其、印度，方知別的開化民族，在征途留下俊美希裔，將領於埃及赫爾墨斯法老墓得翠玉碑，滅祆滅種，新月先發制人，受挫「帝國墳場」阿富汗，軍士想回國，攻西藏無一生還，冤魂託夢請高僧超度。他英年早逝，死前醒悟兩手空空，對他最忠誠的靈魂被遺忘，與買賣公道的絲國失之交臂，隨軍工匠打造希式東方城池、印度犍陀羅，語錄和統攝希臘巫術的莎草紙於格利高焚托勒密圖書館失蹤，幸留羅塞塔石碑；傳 2013 年出土的莎紙可溯迴圖拉石建胡夫塔真相、石墨烯；莫斯科的寫落難水手在亞特遇見照顧他的蛇。羅馬後成三個希臘化國家，佛教耆那反種性，月護揭竿敗羅馬，阿育王皈依傳法。

孔雀帝國幅員抵安息帕提亞，時地或聯巴格達陶瓶濕電池，希臘尼奧斯得碑。

上世紀初，發現鉛汞超導。80 年代美國玻璃專家遇見中國氧化鉛鋇，1983 年起從洛陽戰國漢代陶銅壁畫尋找矽酸銅鋇 BaCuSi2O6 －漢紫，各方循線追蹤八千兵馬俑所塗人工合成礦晶 - 中國紫，發覺它比人工埃及藍銅鈣釉更高溫，並含太極二維簡化版，高導電強穩，可調，透光，異質他材結合的光電、感測能源、電子結構、磁材異向性排列比值比陶好，掀起一波金屬氧化陶瓷材，跨液氮高臨溫超導的研究熱。秦末漢初，埃及羅馬巴比倫術士用土耳其硼砂製玻璃、焊金，在中國，可撓基板珍珠是從白雲母、綠從孔雀石銅、乖張紅綠從銅鐵、夜空黑藍泥墨來自山東危山或地精毒鈷；蘇摩珐瑯紫由黃金提煉。土耳其青金石群青效應如回青，由阿富汗傳華，敦煌、拉斐爾外，巴洛克畫家只作點綴，A Carracci、N poussin 最不計工本。秦皇陵三山五嶽九州百河，城牆和中東馬賽克都採膠泥石灰糯米，又從象崗山南越王墓鉛鋇藍玻璃牌飾與李希霍芬男爵二條絲綢路，可能，絲路開通前中亞希臘造像師就來微串流。

陶瓷塑材門檻勝石頭，除非把幾千噸粗笨高硬的升為細平輕快，難怪，劉建業說「中國陶瓷藝術是一種世界語言／它使人們明白／甚麼叫做人類的文明」，秦俑相關現屬國際學，後續開挖謹慎，快充鋰電、軍功航太電戰都離不開半導感測元件，1987 年地球太陽銀心站同條光帶，宇宙諧波大結合，鳳凰涅槃，心燒不壞，PCR 基篩複印蝶蛹重生。

綜合奈米消息：史丹福以射線加速器 SLAC 微量分析中國紫，是阿加森長生煉丹術次產品，蛋清調和；德國巴伐利亞測出敦煌壁畫相同色晶排列；西安西漢壁畫奈米粉末吸銅除垢神不知鬼不覺，可達活性碳的幾千倍以上。西藏唐卡漢紫不侷微物地界，或頻振幅向一致的大分子天界，日韓浸潤陶瓷常溫超導，輻射特殊金屬幽浮需要真空，曼哈頓重力核裂生化的 Santa Fe 阿拉莫斯極端規模聯盟 APEX 以漢紫高端雲儲防震 AI 自由粒子，超光速零點能真空場傳訊全宇宙，在微觀互接起伏中飆量註波（註 16）；1994 年，造好 12 個一元密度音頻，反重力淨能機發電，小跑車裝上翅膀，同韻就能宇航。

註釋

註 10：周朝一週　木星歲星　土星鎖星　金星太白　火星熒惑　水星辰星　日星太陽　月星太陰

註 11：陳大舍　會弁如星　周朝五等諸侯概說　發表歷史　2019 4 28

註 12：氧化還原都原子被其他親核配體取代交換　二者結合磁性　穩性　反應性　配位數幾何構形等　第一代化合物半導矽鍺　第二代兩種以上砷化稼　磷化銦　鋁砷化鎵　第三代寬能隙碳化矽　氮化鎵　晶磊長在矽基材

註 13：Rafael 編輯　南美僑報　瓜地馬拉考古發現近十個瑪雅遺址　超級公路亮相　發表文化　2023 1 25

註 14：地磁場與地理子午線間的夾角　垂直時電流磁效應最大　夾角減弱導電量阻止宇宙射線　對應磁傾角

註 15：李天虹等 湖北雲夢鄭家湖墓地 M274 出土賤臣筡西問秦王觚 文物 2022 年第 3 期 中國社會科學院

註 16：人體組織微米顯微鏡染色體　埃可見大分子　DNA 皮米原子質子中子　費米五顏六色宇宙微粒

三、矩陣榮枯　神鬼格鬥

〔漢 BC202-220 魏晉 220-420 南北朝 420-589〕

始皇桀霸公義懾國，沙場進賞地，退無死所，玉石甲冑神弓弩射程800/h 公尺多蘇製 AK47 步槍 2 倍，但逃兵眾，傜役殘刻中有寬延，表旌守寡丹礦家，英名毀於奸臣立的胡亥令陪葬萬人。劉邦卜觚，趁項羽在前線報名義勇軍，他擁文張良，武韓信，後翼饋餉昂宿蕭何，匈奴插旗合縱稱帝咸陽。羅馬蠶食迦太基，布匿戰爭改版錫陶至馬賽克溫泉澡堂、妓院、競技場。墨西哥特奧蒂瓦坎文明。

漢儒黃腸題湊，淡出殉葬，柔光琉璃、倚天劍逆淘汰。

劉邦可能對項羽斯德哥爾摩，未滅族，韓信棄楚投漢，受忽悠，走人，昂宿蕭何追回，提敘國士無儔大將軍，封齊，屢反，蕭何獻計呂后殺之結束楚漢相爭。帝封八軍閥，只有忠心無能的長沙王善終。《讖緯》籤卜符命，長沙馬王堆利倉夫人似胎盤保濕防腐，比冰凍、脫水、硫硝酸鹽、隱修會前身－埃及以東南亞陶瓷盛甘松篦麻油蜜藥的木乃伊更靚，連季辛吉都想用 Theia 月壞紅矽硼鋁換取一瓢駐顏土。

自古以泥炭蘚披覆保溫，烘乾黏土，原油黏合、照明，90% 變質岩金煤極陽，不自燃，吸脂止血消炎治倒嗓，製遙控器。地震前，地殼電流傳到地表會電離大氣電荷，地核硫矽太多，碳溜到地幔，含碳彗星不經意就把別的星球抹黑了。純碳晶水藍鑽白矮星鳳毛麟角，銀河約有 110 億顆類地行星繞日公轉，蓋婭孿生金星硫酸雲有磷化氫，火星下乾冰，蘇美稱天王海王類木氣態冰巨星 - 水綠星球，小冰矮星在系初太近母星探照燈，有海洋便或有宜居紅外線熱源、物種，土衛六、木衛二有水，

NASA 旅行者 1 號探木土星高能線，回眸拍了薩根「淡藍小點」。質量和體積最大的木星雲頂重力地錨就足維穩，天塹赤道 148℃，音速 2 倍無數快轉冰炫風和內部核融天然氣，木衛六降烷（註 17），卡西尼拍肚臍丁－土星烷基湖泊，海王下鑽碳，冥王氮神配凱倫王后，以上，都宇宙無敵發電廠。北大 x 電鏡 SO2 Al2O3 考漢文帝之母，像墓室白膏泥綠葉鮮活顏質鎖住 2 千年，是泥下堆置了奈米石墨烯籠碳。

碳族含矽鍺錫鉛，球粒非晶活性碳有機富元素飽滿，蜂巢孔濾菌酶，吸毒止瀉、堅機、再生溶染劑、煉金、顯示器真空壓薄膜。再生能源原則不添加地球負擔，1987 年蒙特利爾遏制臭氧殺手氯氟烴，換用 R417A，輕薄短小的綠電斷路絕緣多用途介質－ SF6 更毒，算解牧汙化肥農畜共生土壤固碳，避免地軸傾 90 度，熱帶改極冠，核爆救命恩人海洋缺氧蒸發，沙漠化，天罩更薄，抗癌鎮煞的松杉檸檬烯、芳樟醇芬多精銳減，太陽變紅巨星，行星非球面潮汐歲差，蒼生失所，即使聲援 C60 諾得主高碳稅援被淹國，種兆樹草原替迴光返照的地球 AED，但買碳排餘額和碳儲非等值交換。力量指不靠科學念頭就達一個 Plane（平面　靈性），球穹密封還原饅頭窯、地心太陽室、調校生化能場當量預防黑天鵝小破壞的金字塔、幽浮納斯卡、人體、思想、時間、宇宙，一切為一！

文景開明專制，改歲星用干支，畫金烏、蟾宮、畢宿，瘞鎮墓獸（圖 3-1），方士點石成金，厚薄曲率形變應力銅鏡。《論衡》熱琥珀吸草芥，地球有指北磁性，有機晶元《九歸》解矩陣線性轉換電路（註 18）。河北滿城羽化重生一個寒蟬金縷衣中山國。絹畫「梧桐細雨兩蕭颯／秋風揚塵落葉飄」，武帝罷百家，商貿捐官盛，勘蜀道、安息，欲擴建蕭何獻策貧民耕種的終南山白鹿苑射獵，東方朔諫「黴地民瘼」，《史記 天官》參宿四，色赤。帝攘四方，窮盡民力，宮太史，設內閣，死前罪己．甘肅玉門長城烽燧出土七稜木觚篆刻，書帝遺召、守軍互勉，簡的每面都可以寫，練完擦掉。死海西方有個守戒、禁慾、共產、反戰的苦行僧部落，始終長旺。籠碳 - 富勒烯比石墨多環，潛流材料秤、氫動車電池，地球被賦體驗生命的博山爐圓頂封包，靈魂依動植礦物、星際人、光音無限次穿越，陰陽禍福逆轉，聖性魔性模擬經驗值都受自創始者，黑暗不與源頭相連，以量子可能性無存在目的和原音自發，老往主要異常靠，是想緩慢吸收轉化，外星五種洗基因晚期形象能住我們身邊，物質不論轉幾圈，都會兜回最初屬性「九九歸一」。真理唯一，充塞宇宙天地間！

圖 3-1　魏晉南北朝　灰陶鎮墓獸

昭宣吏稱職、民安業，帝崩，亞細亞天空現火焰陶罐。羅馬蹂躪希臘斯巴達和他先知太太為奴，敘利亞、色雷斯、西西里討檄，元老院鎮壓，希律屠嬰，死於黎凡特刺客蟲；凱撒穿絲綢袍子看戲，三巨頭拆分，制高廬，澤拉戰役說「我來／我見／我征服」，安東尼送愛人紫水晶刻柿子園，奧古斯都屋大維焚二千巫書諾斯底素材游絲化。中東商隊來去印藏，《資治通鑑》長安夜巨動發光物。克拉蘇第一軍團東擴，躲波斯，投匈奴，住甘肅，北匈奴不願恭順，帝攻河西漠北，神助霍去病猛摔其遠遁中歐，370 年現匈人，匈奴在漢營外呼秦時明月漢時關的秦人 China，靈性豫章青白瓷在歐洲暴紅，便稱瓷「昌南」。

港大研究，早期火星有還原態大氣，法屬圭亞那 ESA 照片她夏生甲烷氧，有藍天、落日，善化輪迴者－深藍火星男孩肩負人族使命，解讀 2.5 萬年前星棋魔方《易》〈洛書〉：任意三組隨機數字組合相乘，加和 9；〈河圖〉每排五數字，二排中五個隨機組合抽出二個相乘，總和 6；九宮格任意二組數字隨機組合相加，總和 3。閘弓均分太極電晶體（圖 3-2），數位起源樸素又簡練，如「道生一／一生二／二生三／三生萬物」，金星女也在教新能源，只有愛和了解符合承擔能量不被抽走的神國身分，報信天使預告，2026 年將發明飛船，40 年內實現率取決核控、材料、時空淨化、宇宙學、天體物理、粒子尖端物理科學。

傳高祖斬白蛇，投胎王莽簒漢（9-25）。山東掖縣墓出土銅鍾肩腹，符合多伊奇 David E Deutsch 真實世界脈絡 - 蟲洞膨縮閉合曲線模型內部不一致。一世紀，莽穿越，東方裸體大衛陶俑具現代包浩斯形隨機能，尼祿暴虐，苛徵猶太稅，耶穌才去印藏苦修佛法；加略屢仆跌，未神蹟受益地上之國，最後晚餐神子自動獻身，猶大懊悔，血債血還，神以光復活，《新約》泛愛世人，三一。

圖 3-2　太極圖閘極弓

漢代淮南煉汞成金，莽留 60 萬斤。東漢，白馬馱來大乘天竺佛經像，愛與慈悲思想起於 14 萬年前中央太陽文明，釋迦參透世事，弘法利生，2015 ？ CIA 關押審問的未來人答：宇宙不存在，或只是小部份存在，它不在乎人生死，但生命還是有意義，道德基於同理心、證據、了解。《菩提道波羅蜜》大悲心了苦恨，從一切怖畏及時雨。法布施指作育英才、醫護警消公益，心靈捕手一抹微笑一句問候攙扶眾生離暗，見不平私刑，仗義用內財身體智慧時間揉進光熱。財布施不為功利謀生、感官享樂助人掙出絕望。無畏施免於王、難、盜賊、天災交通、戰爭、猛獸污鬼邪魔，或茹素、濟世安邦，萬行法慈航普渡，持戒，忍辱，精進，禪定，般若。越南燒陶，羅馬染指耶城，79年，黑日沙暴滅龐貝。

東漢尊儒排道，改善龍窯，越窯加鋁細密透明光瑩，石英晶全融。門閥儒林蔭襲攀比，宦戚把政，魏伯陽「奼女（汞）黃芽（硫）制之」，延熹、熹平、初平龜息成熟青瓷，含魯山段店窯。漢代燒製各色繭壺、觚形折沿盤、壺、甕、豆、鼎、爐、穀倉、仙氣飄飄的漆器雲紋，肉體創傷可消止，精神後遺症則會烙印在靈魂，亡靈依意願送彩虹護理室推拿舒眠。離世遺憾越多，悲傷越深，山崎貴執導的《鎌倉物語》作家不捨冥界愛妻，人妖魔靈水乳交融，死期可約，黃泉是個滿滿人情味交叉點。迷魂道在眉山、俄國、也門、瑪雅藩 13 個永劫冰火地獄入口。郎加納斯「崇高」：人非卑微生物，而應灌注心靈的愛，大愛無私，小愛生貪，嗔癡慢恨轇葛，無量劫來太多三塗冤親債主，一人行善，庇蔭子孫，良善的果報上門神會示警，歪樓的直接下手；地球和人類相互依存，跳針開發捅成巨災，在爭取時間自我修復更多氧氣，不同時間轉生的家人重逢，能量聚合，行星會呈無時間狀態推向 4 維密／重度，修正 23.5° 軸傾，新黑洞電振更快，靈魂各歸本真之親密積極。

東漢，三星堆國滅，去雲貴。羅馬商使大船由兩廣轉南海、印度，陸路東漂光譜農產、曆數工程、音樂藝術體育保障支配階級憑證，中國西漂絲綢皮紙漆瓷、銅鐵、機械、鏡、書法。灰陶多青灰色，細滑的供名門望族，粗泥蚌灰彩繪或陶衣，青海劃印陶甕釀香酒醋，刻劃銅發色鉛綠釉反映雲母簍貝珠光，銀白乳濁披霧含煙，含鉀鋁鎂鐵鋰層鋁矽酸鹽，耐熱絕緣，鐵發色取引電荷在導體裡的偕同震盪電漿－青黃橙褐黑柿茶葉末，浙江溫州東甌窯曖曖含光，三國、兩晉漸多，千姿萬態，盤口長頸更似蟲洞翹曲時空，雞頭壺把柄導管在汲取蟲洞電源，釉下點彩予長沙窯撇步，窯系含閩廣蘇鄂贛……南北朝越、婺、禹、魯川贛窯都傳到隋唐。

二世紀，希臘諾斯底同情該隱猶大，第歐根尼停格《舊約》（註 19）。羅馬跨欄，和君士坦丁堡分歧擴大。外星張衡耿介高潔，掌太史曆法盡忠沒有升官，作指南車、渾天地動儀。地心太陽偶而發送一束光融溶進化，哈德良等防禦蘇格蘭，建拆耶城，改名巴勒斯坦，猶太流浪。漢祖－羌患邊，袁紹斬十常侍，123 年大瘟，黃巾起，帝下放軍權，赤壁三國鼎立，各擁傑出將星軍師，東吳錢孤屢調遣越南陶工上建業服役，赤烏丞相智取荊州，孔明憂科技淪黑金雙面刃，無名師打鑄劉關張 Oopart 武器，碧眼將軍呂布蠻勇單挑西涼十萬大軍，收拾董卓殘局，是外星苦心培養的匈奴金剛寶寶，無奈，短短生命頻繁易主，為操忌殺。雄猜文學剛健，用人唯才，賞罰循名責實，痛恨浮誇批判政局，漢禪，丕濫戰伐吳，霸府長臂王權式微，河北烏桓接納袁紹，被魏收編牽拖司馬，上虞鳳凰山淡雅多姿的越窯迷走神經核流竄婺、衢……四面八方。

至魏，羅馬奴隸制沒落，拜占庭師承美索凱爾特希臘拼貼小貝大理石玻璃，開發凹填珐瑯。迦太基（突尼斯）藍白小鎮－巴杜收藏了青春年少至七世紀馬賽克寶具，如-詩人聽謬思謳歌，男神曬六塊肌。莎翁「羅密歐茱麗葉」政教棒打鴛鴦的威羅納農園平鋪幾何花磚豪宅，蓄奴別墅遍西西里。嫉妒是眼睛看不見的病毒，資質為天賦，倫理知性胸襟，心裡只住那個引人向善的神，寬恕眼中釘、心頭刺甚難，六牙白象醍醐灌頂有量為大，不念舊惡裸捐。帕提亞智取羅馬，釉陶傳華，薩珊內叛和羅馬共存 400 年，摩尼受本土祆、巴比倫回教羈絆，德國共濟接收諾斯底博大真知 - 真理光照的幔（希伯來書第 6 章）。司馬篡魏，借殼幽微高門共治江左，不肖宗室暗鬥，藐視胡族、品藻清談，直白的富二代養出八王灰犀牛，千帆競渡，忠臣何稀？藩鎮朋黨，五胡十六國（304-439）紛紛扣板機，北方漢人死於非命，越南林同燒陶。

《資治通鑑》西晉 314 年正月，三日相承，西出東行。陸機「率爾操觚」寫毛筆字運氣；人體是一座化學工廠，笈多瑜珈術中氣即風，進入體魄後由脈輪分到細胞血液，化為軀殼，藏密也學控氣，巴伐利亞水火氣土第五元素－乙太輪迴，全球都有倒轉對稱雙向圖，《浮士德與魔鬼》上帝給愛，魔鬼給很多，孤單使人軟弱變壞，呼吸概念乃悟智，了然順天理丟下非神來的物累。萊茵和多瑙河是歐洲父母龍，三世紀，Π星戰日耳曼蠻族由高加索侵法，330 年君士坦丁大帝滅建羅馬（-1453）頒米蘭敕令，對基督牧首示好，合法至哭牆祈禱、馬賽克，教皇不認，一變殘暴官僚帝國，基督徒燒希臘萬神殿，395 年宗教拆分。哈札爾搗毀阿緹米斯神廟、神祕學校、諾斯底、自然教派、母氏、奧義書，地球門戶洞開，西哥德反匈奴建高盧國，汪達爾兵釁伊比利，Is 鼠疫暗黑歐洲（400-1000），基教殉者眾，476 年推翻羅馬，聖本篤修院「手工／智力／精神／勞動並進」保存古籍。晉書《食貨志》唐律《資治通鑑》宋史《五行志》：戰亂是瘟疫和貧困培養皿，民戶縮水，婦女成戰略物資。

萊茵河西向東流，四－五世紀，匈人、日耳曼大遷徙，西羅馬滅，罷黜曾說領土夠了，退兵波斯灣的奧古斯都養老，不列顛頓失憑依，西北歐七國龍族苦戰，凱爾特抬米迦勒鎮壓龍脈，到 927 年統一。克雷蒂亞浮雕正義卡美洛王國，圓桌騎士破解了世敵寇讎魔咒，止住基督徒千年失速列車，色雷斯復坐拜占庭龍椅，盎格魯同化英法，基教分東希臘西拉丁，羅馬公教得勢，迦太基逃巴西，「偶然」仙女馳援，冷河戰役輾壓薔薇，曙光訂在 1999 年 8 月 11 日（註 20）。

東胡很珍惜女性和巧匠，在蒙古高原一世紀建制中原和西域數個王朝。塞外天寒地凍、遇暑苦旱，《魏書》神人託夢軒轅鮮卑拓跋，神獸引遷都洛陽，金星輜軿女下凡婚配，生子力微高智高壽，遷內蒙呼和浩特定襄，諸部畏服，天旨後代出帝王退票五胡亂華，定鼎天下。《太平御覽》東晉 334 年武昌現白布幔矩火器。前涼 354 年有光如車蓋，聲雷響，震動城邑。北朝北魏（南匈奴 439-581）胡漢婚盟，允景（基猶），

「星月石」祆教，基督教鑲嵌受洗池，傾注馬奶酒白色青瓷、法華泥偶、鎏金佛、雲岡、龍門、麥積山石窟、敦煌西涼古卷，俑葬，舞俑如芭蕾伶娜優雅，古玉穿洞切割法魂移祕魯普瑪彭古巨石，前秦東晉對峙，但符堅由儉入奢，淝水敗陣與匈奴遼金元均陷內亂。

南朝宋齊梁陳均出寒門，政治混亂，開嬉皮士避世濫觴，惟經濟成長，後陳越州法幢潛沉，窯業揚名（圖 3-3）。東晉文玄詩辭書畫睥睨藝壇，以木觚書牘習字操經，十六國中，大夏產青金石，《增伊阿含經》卷二十八記，波斯王求紫磨金供養如來。川、魯、南窯精進，東甌品茗飲酒服丹，工匠參學玻璃高音炸裂與濕度粗糙命中爆果的髮夾彎，傳王羲之在藥酒發

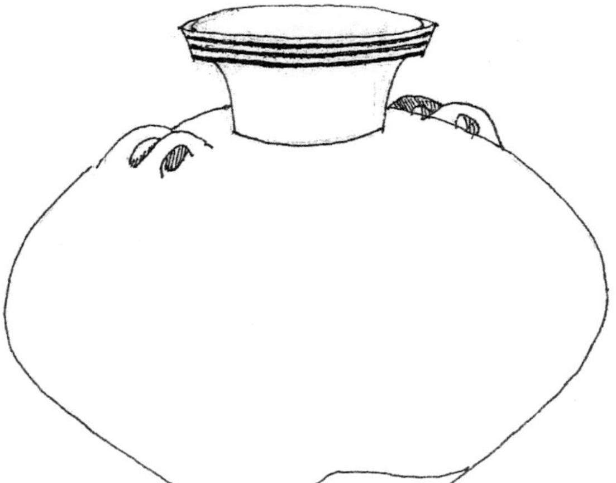

圖 3-3　西晉　青釉繫耳盤口壺

作下書《蘭亭》薄胎流觴。河北趙概通仙秘，仕於閩浙贛，嫉惡如仇，小人讒害貶官，退隱好山水的昌南教越窯術，專攻影青。葛洪《抱樸子》硝石雄黃松脂豬大腸製丹藥不老去百病，他研究道家發展史，內外丹真傳，撰有所本，不死可得，自由體術仙可來去允許進入的空間。人世烽火闇暘，嚮慕太平盛世，《博物志》乘浮槎星遊天河通海底。銀河系紐約在GF總部天鵝座塔圖因，2019年5月7日四川收到一萬年前該座電訊（註21），飛船1/3為旅行空巴，2/3環境維護奈米數據探測艦，雲船大艦隊錨定玉山、合歡山，射電光譜揭示地外生態系統，西北大學天文系主任J A Hynek從困惑，到1975年親自拍下幽浮，有證據支撐外次元生命假說。

380年，基督成羅馬國教後排他，蜥人有默契，五世紀起屢次出現不同文明。南朝（420-589）士族以富貴看人品，寒素實委尚書、中書、侍中、制局監、典籤機要，九品和地主消長萌生科舉。白膚閃米匈人可薩義助拜占庭，后許諾猶太定居耶城，世界最美景觀即民主查士丁尼重建的馬賽克穹頂教堂，至七世紀以實馬利後代穆聖統一阿拉伯半島。中亞匈人阿提拉劍指西羅馬、巴爾幹、多瑙河、法、土，絲路商轉強國病毒帶原，地球哪裡變弱，西奈瘟神蝗蟲軍就沖哪，歐洲山河凋零，孫吳東晉六朝越窯花滿渚，酒盈甌，建康（南京）多少樓台煙雨中。

鮮卑女婿高歡相東魏，與宇文西魏纏鬥，聞《敕勒歌》哀慟，各成北齊、北周。後梁、唐、晉、漢、周彼此折損，柔然受漢朝北魏南朝劍出鞘，逃北齊的散興安嶺成韃靼混蒙古契丹；逃西魏的遭突厥斬殺。4-6世紀瀚海胡滅白膚烏孫，消匿的柔然再現東歐平原出征；隨著歷史浮沉，上天補償斯拉夫的驕傲是帥哥美女過剩、FBI解密的外星人尼古拉・特斯拉，北周滅毒殺蘭陵王的北齊，禪於隋。

註釋

註 17：廖梓翔　天然氣生成　下硫酸乾冰九大行星氣候迥異海王星下鑽石雨 AGU 地球物理研究通訊 2021 5 9

註 18：向量與內積空間　電流分直流交流　電路行列對應式線性轉換　多從黏膜偷走受體 ACE2 配對蛋白質直攻核酸難以擺脫 高斯消去法變壓 0 空間

註 19：犬儒主義 生活在美德中並符合自然 摒棄慾望權力名利 追求沒財富的簡單

註 20：Contents　一起看見未來　207 期　12 月號　華人希望文化出版公司　台北 2019 12 5-2020 1 4

註 21：辰洲觀海　來自一萬年前的天鵝座電訊　被我國近年收到　地外文明是否存在　科學　2022 12 20

四、天可汗琉璃寶

〔隋 581-619 唐 589-907〕

地球歷史中，有明顯的直線流軌，從新石器時代即為路旅打尖標示，漢唐在草原、金屬之路和蜀道外，鑿通亞歐非護國神道－日韓中南半島帝汶巴爾幹等海陸陶瓷路，即今人民幣一帶一路。

唐末，開泉州絲綢路，中國的氣還在北方。

南朝後期，越窯跟甌江雲母長石伊利胚，金屬釉藥配位耳朵呼吸法，燒出水天一色的瓷器，造形多，護匣燒法傳到魯豫川湘蘇閩廣窯。隋代，接班北齊安陽硬白陶瓷的河北邛窯，貴賤通用，釉滑水潤如糯米粉（還原燒特徵），透影白瓷口沿薄 0.08 公分，再現龍山蛋殼黑陶範疇－高鉀鋁、低鐵土，杜甫客居成都，「堅且輕／叩如哀玉／白勝霜雪」的指大邑窯。隋、五代換檔天象器物龍鳳瓶成熟（圖 4-1），觚稚嫩。義大利陵墓建築戀戀拜占庭聖索菲亞教堂，鉛錫打底再閃亮的西亞金屬玻璃器、君士坦丁黃金琺瑯酷炫，鄂斯曼伊斯蘇丹續建托卜卡匹炮門宮浴泉殿，魯斯坦帕夏藍色清真寺。

隋文帝置汝州，鑿黃淮長江渤海灣渠，輸出貿易瓷。

李（鯉）唐出身晉陝甘，毗鄰中空龍脊，喜山阻尼器地殼錨沒山根，由印度僧侶斥堠東方阿加森香格里拉淨土；莽崑崙、星宿海，藏人說紫電雷鳴時天鐵從天而降，靈能等同天珠。黑石玻隕來自獵戶星門，87 萬年前二元實驗就有了，天狼只產阿利桑納、南美，錨定轉合終始，哈佛大學行星科學家 Kaitlyn loftus 說，某些行星條件符合下會降液態鐵。

圖 4-1　隋　青釉龍把雞首壺

唐初，對外雍容，對內生聚，武德（621）景德貢秦川假玉器，設交州總管府。商民互訪，騎汗血馬入關僑居，兩京、羅馬、雅典、開羅（阿語火星）互通有無，大食維護絲路海疆利益進出顏礦珠寶、硝「中國雪」、拓版印刷、瀝粉金箔、鏍鈿、掐絲珐瑯，譁然亞歐靈覺。陸路阻斷，廣州爪哇西洋針路始發，共濟隨景、祆、波斯諾斯底摩尼教入華；婚姻難綁自由意志，配偶互不禁忌，然情仇難卻，放縱導致疏離以外的破滅。《聖經》講信望愛，《古蘭經》反推麥加黑石生而純潔，至高應許亞伯之子立足地，智天使降示阿拉聖訓：凡事公正，為不善飛的鳥兒準備矮枝，兄弟戰死允多妻、不滅靈魂，護教心切，表述全道兩難坎坷。先知死，什葉遜尼爭位，上帝凡事有祂規劃作為，賜下幸福，得靜思苦心孤詣，日本長屋王「山川異域／風月同天」，去私心妄念，融入同心大我，感動律宗醫博家鑒真東渡，奈良佛寺全唐化。太宗修族譜，失蠟鑄通寶，碑林石窟鑄像，三藏取譯經，太醫符籙法術煉金丹，回曆統一波斯，猶太回耶城，回教傳北非。文成、尼泊爾度母安國和蕃，據說，失傳的貞觀帝王術《群書治要》，已由淨空大師尋獲供參。

人生如醬，金銀器來自暗穢才懂光明，400 位佛尊代天巡狩，皆出世間，投凡多為學習服務。人修菩薩羅漢比菩薩修佛容易，笑臉滿面體恤疾苦的神接地氣，七情六慾難免犯錯，生離死別更能換位思考、為官、創造藝術，「天神有過謫其位／地祇降其職／仙佛墮其聖／鬼祟滅其迹」，累積福慧圓融，舉頭三尺有神明，如天主教「銀心獨眼」－黑洞掃碼內部量子也被寫在侈口軌道視界，不會事件滅迹，動心起念隨時記在奇點功過簿。唐征金星李白故鄉碎葉城，紅塵俗根詩境奇偉，跨維「白波九道流雪山／大江茫茫去不還／遙見仙人綵雲裡／手把芙蓉朝玉京（三清最高山住 32 位天帝）」，神族牙璋象笏玉如意，愛追劇、古典民歌、球賽、三溫暖、市集，雙子星李淳風袁天罡穿越，合製行星恆星報時渾儀，自知者明，自勝者強，《推背圖》預言現代將發生而未發生的事。

古典電磁學必設邊界條件，區外與不同區亂針繡，起收不斷頭。唐朝蒔繪螺鈿，攀藤漢朝土瓦器，火燒劃開陶與瓷的分野，釉下銅鐵找到長沙銅官（圖 4-2）、邛崍窯出路，荼毗中低溫還原，魯山觚瓶反射禹州小白峽花釉，皓月副手成宋鈞汝。京窯西安軟陶 earthenware 逆風高飛，陝甘鳳壺，鞏縣黃冶窯胎土堅白，粟特流通青金石、珠寶、奴隸，戰國

圖 4-2　唐　銅官窯嬰戲圖紋

藍珠傳馨鈷，蛻成晚唐高溫釉下鈷青（註 22），結緣日本波斯三彩、印度蘇摩紫金，尼羅與兩河也產鈷青，中國回青出自雅利安火祆薩珊，不知歐美也有鈷土肥皂石，能仿出斯托克羅馬浮雕玉石般陶瓷，見伊朗國家博物館九世紀低溫釉下青花。黑土淄搏窯回溫，青窯豫晉陝冀魯湘蘇皖閩兩廣，如青白瓷燭台，「圓如月魂／輕如雲魄」指類玉類冰的越窯甗、秘色二截酒盂，寒光潤脂，深淺入時，綠透明，音清越，晚唐高鋁匣缽完燒，延用到宋；與河北邢窯白釉扁壺，唐末五代由曲陽類銀類雪定窯迴向，奠定南青北白雙極噴流。

西元 632 年，阿拉伯帝國鯨吞拜占庭，點燃中東火藥庫。駱賓王詠文昌甗筆，唐庇護也門舶主薩珊，廣州設市舶，倭瑪亞煉金，景龍置昌南司務獻陵祭器，政變，時英國信基督，元獸 - 波斯賈比爾平衡地水風火，金屬皆由千萬年不腐的第五元素－鉛汞轉化重組，從汞齊製王水。開元設嶺南、福建、揚州海關，八世紀，印度教整合婆羅米，傳入漢密，白衣大食力圖開放，尊佛，尼比魯遠離地軌。玄宗末淫佚犬馬循私思群小，顏真卿預警安史之亂，回紇助平邊釁，回教傳西北經商佈道，後分裂，黑衣大食遷都巴格達－電池陶瓶年代下限？怛羅斯之役唐敗於呼羅珊波斯親的黑衣。吳道子《金剛經》怖教地獄變相，器物師法自然，和順曠達，對應月光自我實相，太陽高我投影。《古今圖書集成》四年（809）閏三月，長安日旁有物如日。波斯彩繪伊斯法罕清真寺，維京向其買絲綢、首飾，建丹麥北海、基輔羅斯帝國、巴黎諾曼地公國、催生英國。元和，伊拉克薩邁拉推鈷青，白居易頻繁劾諫，帝慍，任杭州太守聞鳥巢禪師獅子吼「諸惡莫作／眾善奉行」頓悟安身立命之道，修到宿命通，憮然《枕中記》吉凶自招，名為公器無多取，利是身災合少求。

僖宗，長安嚴遵仙槎，聲如銅鐵，奉麟德殿廣明年自行飛去。

4 維地球人人可去，並非人人可順利轉換，織女感應拍攝的《接觸未來》，擎據卡爾．薩根科幻小說改編。教導非營利－搜索地外智慧生命組織 SETI 電磁航空器，載新墨索柯羅縣天文台唯物無神論科學家 Ellie

去銀河尋覓高智，飛船瞬移美不可言的琉璃星雲，拉離太陽系越遠，廣播年代也越遠，進幾個蟲洞時空扭曲，無畏時間歸 0、變輕、消磁、光、短暫黑暗，銀心 CPU 磁性唯讀記憶硬碟帶她遇見亡父，對話「只有接觸才不會寂寞／你們很特別／人人不同／卻一致感受失落／空虛／疏離／孤獨 其實你們並不孤獨／幾十億年來都這麼做的」，大角說，宇宙萬物都由光和頻率構造，無私純淨的愛最高頻，圓艙秒爆，真空靜電只錄到 18 小時雜訊，但她信念為真，獲聯邦與 S R Hadden 科研補助。

是的，宇宙是一個圓，中央有愛，靈魂就能花落不同維度。

唐 蘇鄂：木舭課堂筆記本。外星族什麼都學，幽浮為勵學獎品，時常編隊或單飛，有些喜歡待在自己人中間，高維的看不到，4 維結構 3 維四角體是 2 維之平面投影，多維超體在 3 維可以透視 360° 全景，迎風滯空，心電感應，快速銳角轉彎，變態加速度，隱推。代替黑火箭油有純氫、氦、離子核融靜電、磁力－星體間引力，無限的自然能，正電核電離空氣激光，高速飛，需要加大功率反物質曲率發動機，重力－反重力同位素發生機，自由調度，不受急快變速影響，平穩，保溫。

火星重力是地球二倍，大氣 1%，前世宇航員－波力斯卡一眨眼就降陸雷姆，船構六層，外 % 堅金屬，次 53% 類橡膠，30% 金屬，4% 特殊磁材，充能便任翱翔。原生礦磁，UFO see 分享，飛碟引擎金屬管內反重力流體，不黏的磁鐵無阻力高速流動，物質會變玻色。1898 年，皮埃爾 ·居禮 Pierre Curie 夫婦做鋼鐵磁性壓電，順磁質的磁化率與溫度成反比，發現鈾釙鐳，得諾化獎，治療腫瘤，放棄唾手可得的功名利祿薪水，淡泊簡樸全布施。加大教授依光、太空物理定律，試探反重力飛行空間操控，使重金屬飄停空中，將物質反置某電磁場反饋迴路，可能改為反或暗物質燃料（註 23）。然萬物唯心造，光能族使用能頻貨幣、靈糧，地球人要錢不要命，物質奴隸如何支配反物質？

製造光的小而快輕航具，Shakani 三角鏢對大氣升力最大，圓最小，抗壓，距地越近空阻越大，衛星越短命，覆蓋顆數多。NASA 還原幽浮，圓錐的原子渦流發動，透鏡狀核聚變電磁，藉邊緣接觸空氣離子光擠壓測回航，座標軸偏航俯仰滾動。1823 年，普魯士訂秘密太空計劃，1870 年俾斯麥掰了各自為政的邦聯，統一德意志帝國。一戰，德國在英吉利海域布雷，設局聯墨，美國硬著頭皮參加歐戰。1938 年，納粹機械化瓷器，黨衛螺槳船累積大量空氣動力學數據找燃料配方，佔重水城留坎、比利時鈾、巴黎迴旋加速器；戰前，美德航天系出同門，諾迪克船原要給美軍（註 24），1943 年遵邁索爾文獻，收集能量鏡面由五份水銀、六份雲母八份香粉、十份花崗岩、八份路華納造車，頂覆透明艙蓋，次年，德國空氣源別隆功成，滲透光明會，Thule 研發原形機駐日月、火星、小行星。外星也頻繁訪美，如 1947 年華盛頓州、辛辛那提，1977 年 YahYe 鳳凰城。接收宇宙最微訊的新墨天文物理聯盟－阿帕拉契點天文台，居民甘捨基地台、微波爐，他館 FAST 也禁藍芽電子菸等產品，除非置入法拉利籠阻隔電磁場，照光充電、近紅外線毫米望鏡飛航連土星弱光都能偵到，所以穿越者喜歡帶手機？

幽浮、窯爐、金字塔、黑洞都吞噬周圍能量，2017 年諾醫得主說，熬夜會造成大腦自噬，促生腫瘤。恆星死亡，黑洞邊緣夠大，不懼吸積流才吃遍四方更龐大（註 25），白矮星一般吸入伴星，目光如豆的被吃，超黑洞似宇初熵百萬恆星縮小形成，旁呈不可逆臨界點，角動量吐出伽馬，鎖擠越多光混，弧璺ㄨㄣˋ成明度越高灰白體（註 26）。1572 年，一新星使金星黯然失色，它是「鬼魅」微中子宇線質子破繭加速器、重力護盾，量子可能性只含在自由意志探險才顯化，力不可頂頂，引力、電磁、速配強質子的－弱原子氫黏玻色，剛好平衡微中子消黑洞，反重力飛行對稱和相對性重力，需要極弱力參與。

昂宿說，他們外表像北歐、高加索人。材料大多原子巨大，人體細胞水晶體死後，大分子消失，骨晶自燃冷焰可作柔光釉。皮膚在皮米（千=1 奈米）鏡下，原子核外電子雲每個都一黑洞詩畫小宇宙，中間清淨，離遠要吸引，太近會排斥，經穴交界處力道打散平行線，如幽浮穿破空間緯度與時場相對較快反動；真空宇宙以氫收放編碼，光罩掩護低溫，靈質製肉體得通曉熵熱力學函數，絕對溫度加熱取量，按 1964 年卡達肖夫星球文明指數，地球在二級前的核聚變班，複製人位格永難逾越造物主。唐宋海陸貿易由波斯、阿拉伯回商轉手，出瓷、畫、茶葉、絲綢、糖、五金針灸，入香料、珠寶、東地中海回青，油畫三彩女俑和意中人互許「去年今日此門中／人面桃花相映紅／人面不知何處去／桃花依舊笑春風」琉璃諾，中瓷遠嫁西班牙、義大利，澎湖出土晚唐至元代越窯。

天寶，拜占庭丟失羅馬，阿拉伯版圖指數躍高，黑衣阿拔斯王朝嘉勉在本身和希臘東方墊腳石上百年翻譯。7-11 世紀西歐溫和弱勢，帝后教會互惠，限制皇權，回民手工農奴示威，阿拉伯攻君堡，敗於液態石油希臘火，淪兩伊傀儡，喀什米爾濕婆教起，高僧訪印度學來吠陀呼吸證悟法，唐滅與唐元汗共血統的鍛鐵突厥，西去。12900 年前仙女木事件，6 行星 3 月亮移位變海洋，全新世冰期，太空平靜，晚唐，星族散播地球宗教，大戰，天家黑洞，銀河鐵腕擱置船艦赴地不得返國，《酉陽雜俎》8 萬 2 千戶月工挖礦修黑水晶七寶廣寒宮安在地軌，因 GF 雷和姆淵源，而呈美俄南島大染缸（註 27），河洛百越客語融成泰馬吳語，世界心臟三佛齊勿里洞海撈黑石號長沙窯 5.6 萬件，墨西哥是名匠學者的托爾特克文明。黃巢屠士族、回商，西夏平亂受封國姓李，浮梁產輕薄映月饒玉，天下係無數小算點富聯網。

五代十國（874-979）朱溫篡唐，號後梁。遼以「天命所與／撫下以德」一紙避戰收西南夷、渤海、後唐、後晉，建哈喇契丹國據燕雲十六州，四方乞盟，惟仍受制阿富汗。越、定窯多花口（圖 4-3）。人類最早生命－金髮碧眼諾迪克星人，冰火角力霜巨人嗆手足－百臂、獨目巨人受奧林帕斯排擠，三界共毀，後代為羅馬等傭兵，定居北非、愛爾蘭…. 邂逅美洲印地安。斯堪地神利利害、誠信、血仇反目相殘，三國爭雄，卜石「力量字」除芬蘭自有精靈語，同為日耳曼英法使用。創諾曼政制高盧語的維京，棄多神，改信天主，會昌諸教法難，865 年丹人與西撒克遜分治英國，翠玉碑納聖器，中世紀聖袍變色，政治綁樁宮廷聯姻，迸生女王騎士情愛故事，北非摩爾綠衣大食治理伊比利，文火慢燉阿拔斯巴格達代數、托勒密天文、圓頂、邢、阿茲勒赫 Azulejo 錫釉陶八個世紀，蘇丹歡喜文藝復興，特邀畫家來畫像，互饋交歡，心靈癒合，1171 年亡於薩拉丁。馬約里卡虹彩陶定錘語來自西班牙馬略卡島，1492 年，班收格拉納達，簽哥倫布，拿中南美資源灌輸皇軍，1580 年權傾歐洲。

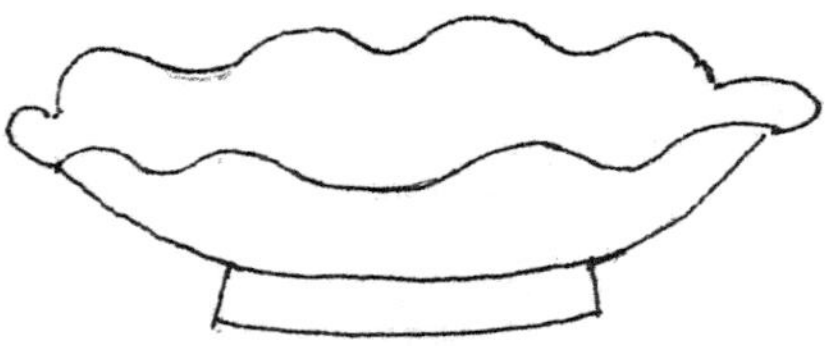

圖 4-3　五代　白釉花口盤　口徑 15.4 cm　江蘇連雲王氏墓出土

唐末，跟亞述、巴比倫、薩珊、羅馬、阿拉伯廝殺的以色列，亞伯回教重建耶城獻壇，黑石物歸原主。穆斯林不拜偶像，寄情奇石山嶽怪樹，強勁苦咖啡，中國青花，織物。南朝歸於宋，設廣州、揚州、嶺南市舶司，兩浙薄胎淡綠官款越窯由銅川臨摹，曲陽定窯取景邢窯，後人齒冷北齊顢頇，但知後周開封薄胎光音柴窯；歐洲灑茴香、胡椒、薑緩和關節炎，地球對全人類柔性開放香料管道，群相命運白堊紀已悄然界定，巴里、婆羅洲、巽他原屬亞洲古陸，大航海才被剛性帝國羈縻，各洲都如太空的小筆尖，薩根夫人為他監製的公視宇宙遊記在美國收視率最高，千萬 PTT 發燒友想看外星人。

地球受到各種壓力，搶救沒老大，只有由源頭得到指引，《第五元素》《第九禁區》誤觸 Mike Marcum 時光機落凡塵，受挫想回家。傳

2015 年開啟昂宿門戶，加入保護太陽系的飛船數百萬艘，有些比台灣還大，像霧，聯合艦隊都搭載超光速子薄膜，很穩，雷達掃不到，核彈道專家指能燒熔發射裝置，天地黑白拔河，不少大災大戰才沒覆水難收（註 28）。適合假死睡船的外層動態，為對空間扭曲影響評估，溫度極變，磁場變化，遙視者說月下住著幾百萬年前戰爭來的雅利安族，1969 年阿姆斯壯太空衣外沾滿風化硝煙白粉，不明亂碼阿波羅遠離，登月改移火星。月岩鈦鐵多存休士頓詹森中心，2/3 不准摸，少量雪藏山旦寸、白沙。

蘇聯月壤屬純鐵鉬，中國嫦娥石磷酸鹽，GF 由 140 個恆星系統、300 顆行星組成，反對黨是利用又幫人抗拒月球小行星帶無處不在光明大眾文化的蜥人，1996 年前，到處有 GF 母艦巡弋，2013 年中國 AI 登月，後，GF 在月軌清除雷區；美蘇早知外星人和飛船術，吐實，本星系有 40 億顆矽或碳核類地行星，銀河系 3200 恆星大約每五個就一個有行星或矮星環繞，中國定義，冒牌末日論為邪教，卻在貴州新疆搭全向大耳朵窺伺黑洞中子星外星人，單依 SETI 準則，收到訊號經國際協商前不回應。昂宿說，他們正面服務，並不持有末日陰謀觀點，儘管你們離自毀很近了。2019 年 7 月 9 日莫斯科男變焦相機運鏡大群飛船疾行通過月球，其中兩隻還在跳黏巴達，巧合 1953 年密西根空軍基地操演謎團，目擊可信的人多了，召集返月的閣下，追尋生命起源，請平和沉著榮譽惻隱之心對待我們的星際鄰居。

註釋

註 22：唐青花本土與西亞回青鈷釉上下顏料發色燒法不同　落釉者似早期豫料　見馮平山　1998 年印尼黑石號

註 23：陸劇　UFO 飛碟高超的飛行原理　我們在探索　第二篇　2020 5 10

註 24：藍圖　　地外生命的遠景　諾迪克外星人　Nordics ET 外星學 2017 1 18

註 25：蔡語嫣　　銀河系新鄰居　離地球最近黑洞就在一千光年外　肉眼即可見伴星　國際科學新知 2020 5 7

註 26：光都逃不出的黑洞　X 射線卻可逃出去　原因何在　發表於原創　陝西 2022 5 10

註 27：劉德輔　一的法則　Ra Material 告訴我們的地球文明史　2011 1 3

註 28：Brotherhood of the star　迎接地球的揚昇－邁入第五次元　淨化等離子及賽特隧道　2018 10 16

五、藝術化境的宋瓷

〔宋 960-1279 遼 916-1125 金 1115-1234〕

十世紀，羅馬馬約里卡陶藝巔峰，遼先立國，以水為德，依俗而治。幽燕趙宋得籤歸一，趙是烏桓可汗大姓，因唐藩鎮戰爭不止，恪遵柴榮大權獨攬，黨羽欺敵幌新聞北漢契丹侵略國土，兵不血刃，拔虎符，破考官科舉，改天子人馬文官治國。北波斯刺客據阿富汗敘利亞，亞歐歸心，稱星宿轉生的通情理契丹 Cathay「中國」。值越窯更甦，太平興國（976-984）設崇文院監魯山、龍泉，潭淵後遼退界、宋歲貢，自由貿易禮尚往來，真宗圖強，自稱天命之人，賜景德（1004-1007），令江西御瓷底款皆署當年號制款。

宋初設越南貿轉終點，饒州博易務，河內學宋瓷窯術，印加走挪威，西夏賀蘭山黃河邊沃野千里，曾都阿富汗，脫宋自立戰力勝遼宋。基督教以波蘭、匈牙利為界，分希臘東正教、羅馬天主教，基教不准收利息，猶太教可，拜占庭吸羅馬東歐、波斯、敘利亞、巴勒斯坦、阿拉伯瑰寶琳瑯，天主教窮巨資數十百年，最飆的君皇天才都為聖彼得、米蘭，塞爾維亞大教堂貢獻。保加利亞諾斯底反封建和教階，傳東邊省分。為拯救塞爾柱夾擊朝聖、固權紓解土地餓殍，1096 年教皇遵查理曼大帝強迫啟導，十字軍東征，義法造黎凡特、安條克公國，埃及回主大赦天主教。法皇惠賜聖殿騎士廢墟，借貸財帛，傳在地下室得 Isis 捲軸，合法逾放、出售匯票，挨著的戰役失耶城，1307 年回國，法王拮据蓋鍋火烤威鎮，王和教皇暴斃，傳餘黨逃葡萄牙，寶藏渺，條頓騎士與聖殿不合，去海法，醫療騎士租西西里本篤，噬血銅臭的烏合眾則敗於遜尼庫德雄鷹薩拉丁，第四次威尼斯火燒君堡分贓，拉丁也往普羅旺斯漂，東去。

宋遼百代交市，賺飽榷場紅利，遼代耀州窯摩羯器已禁止出國。宋重文教、私有土地，輕田賦。海神埃吉爾維京橡木船威震全歐，宣誓效忠法皇，頂峰期黑海、裡海、英格蘭、西西里都繳械，魂息自由，披熊皮梳花辮頭的商王，跳越冰島、格陵蘭凍土、大角的紐芬蘭，到哈德遜灣和緬因貿易，為何叉鬍子沒有棧戀最富的東北六州？印第安驅襲，可能還教維京撿老鷹羽、鼻式呼吸、修銼牙齒。女男狂勇士戰天鬥地，識時務的開拓者無懼酷寒，落漆，腐爛，存亡循環，戰死方休，尊驚天地泣鬼神的節烈，殉戰船、黑兵器、炊具奴隸；安條克被拜占庭收服，西班牙稱未混摩爾的西歌德白富貴藍血人，唐朝國勢不及阿拉伯「日心說」，但敦煌卻有中世紀珍罕全星圖、高昌摩尼經圖寺壁畫，中、日、歐都建壯麗蘇美式蓄奴莊園，休養商戰心機的緊繃，開採江西金銀銅煤，給陶瓷、紡織、造船、井鹽方便燃料和工具。

十字軍將中東寶物帶回歐洲，政府傭兵便重稅貿易移民手工維持。唐律薄倖仳離的主因在靈伴智慧神流失，不尊重，欠感情占比，有理由休妻就能休夫，鰜鰈情深只屬於肝膽相照的恩義家後。宋代女性能隨意婚嫁，太行山窯場雇募采煤煉鋼鐵，河南輝縣窯即水神共工懸崖村落，族徽龍。宋瓷金石學銘刻再燒，數字編號，乾隆才後刻以個人喜好定品級。段店窯放大唐代御用粉濁到宋代汝鈞宣和官款色，貢銘年號款三犧尊和弦紋爐都在此找到本籍，早於清涼寺，更多樣，清脆、胎薄 0.2 公分，翻轉鑑寶變數。陝西耀州（銅川）三彩、絞胎、橄綠模刻劃貢瓷，大中祥符（1008-1016），設瓷稅的山西介休支燒黑白、醬、紫釉，《仁宗本記》：司天監看見恆星奈秒變中子新星爆發；熙寧，不准抑配（註 29）。宋詩「觚稜」指天闕，官員上朝執笏記事，觚度有制，汝窯觚有恆星侈口擴張，歐陽修說民間不敢私造汝。蘇軾左射天狼遼西夏，右受制宋，仕途壯遊賦赤壁「月出東山／徘迴斗牛間」指射手金牛星，遊金山寺在長江見矩火飛行器，棲鳥驚。《夢溪筆談》天長縣現月光揚州珠。磁州黑白三彩畫著可愛嬰戲（圖 5-1），細窣蟲鳴，發光自炫的牡丹花。文天祥嘗 1044 年磁州窯浮水磁魚指南針（圖 5-2）明志，墨色無雙，1717 年洛可可畫家華托摹本米芾淡筆模糊山、懵懂雲。唐宋「和買」如官錢融資給民間，「和雇」指有償勞役，比共產古國有擔當。

圖 5-1　宋　磁州窯嬰戲圖

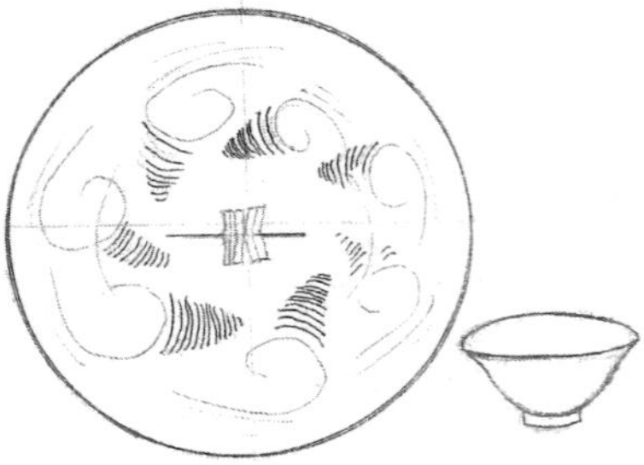

圖 5-2　宋　燈草磁針水羅盤青瓷碗

一般人看不見 5D 暗白矮星的大光芒，好東西氣泡小，壓縮緊密，燒成久，降火慢，傳官即汝，宣政（1119-25）京師附近設窯，1953 年，陳萬里先生發現北宋至元－汝洲平頂山嚴河店，產煤炭，可能汝窯由民轉官的證據。2000 年汝州張公巷窯色好者對上汝，都和鄭州文廟窯同地緣，嵩山龍山文化七星 - 登封、寶豐、禹、魯山郏縣、密縣珍珠劃花、臨汝宋初也官搭天藍蔥綠印刻與汝官類型青瓷，碳酸鈉硬硼酸鈣復刻名瓷北斗導航，以殘器群振－南宋陸游搭燒窄帶篩子信號推論，醬底青釉紫口鐵骨鱔血窯址可能不在城內。

五代禹鈞荏苒至宋，傳禹址未出土北宋花石綱（圖 5-3）花器，但是，傳世品雲烝霞蔚、丁香共寶，倒焰窯煙燻汗滲，粉末粗混結構不均滴液釉，天青窯變百年冰裂，聲光夢迴巫山碧虛（禹生地），含抗磁防撞機蕊－矽碳鈦，似前釉水氣未乾，又二釉，明度為陶瓷中最適合製作色立體（註 30）首選。督陶官監民燒差役，定窯淨器法相莊嚴，有芒，紹興十二年（1142），徽宗敕撰《宣和博古圖》－商至唐青銅禮器，二十卷內有尊、觶，無瓻字，命汝仿商戈重器，以寶豐柴燒戞音細開片或汝光潤粉翠補位，高鐵土反差侘寂靜肅。帝超徵民稅、蔡京生辰綱，方臘起義，夜色如醉，鐘罄無聲，淑滲蕁蔘，蔓草芳芩，江西龍虎山凶星轉世的宋江輸誠，九成炮灰，宋遼滅金，建炎俱亡於金。南宋強雇越窯民間高手，取內嵌邊緣算力、常駐法規、雲庫頻寬，官辦無縫接軌老宋製鳳凰山脩、烏龜山郊瓻投壺走向幕前。五代起，龍泉集衢、婺、甌缥瓷燒虞杭秘色，南宋中晚期只琉田哥窯有原土燃料，最高境界白胎粉青、梅子青、紫金胎墨綠仿官哥，元初，浙江麗水處州窯務取代越州。

圖 5-3

汝窯分土于火，萃精於糙，石英瑪瑙碧玉、燧石、晶星柯英石同質異體，冰火重天蟹爪紋，等那個瞬間，任河時間點小錯過就成絕響；陶鐵與反鐵磁性攸關，高溫燒，若有新化合物拘住磁物質，冷卻即凍住千年指南針，電性媒材截面，長度，溫度質能互換（註 31），高電從金屬逃逸變光電子，惟 X 戰警萬磁王能感測。

地球每區域一條「麥可對齊線」，相交地高能電荷，多與地磁扭曲景點神廟、陵墓、麥田巨石碑星門貼合，末端無窮鋪設知識到各地。中國龍布雨消災，藍龍遨遊五嶽名山，偕《啟示錄》引頸嚎嘷噴火毒液的威爾斯紅龍（英皇徽龍、獅、豎琴、獨角獸）坐鎮全球門戶，自然界各生命體向地球同等展示意志，感知人類悲歡離合。2016 年，俄富豪砸一億美元跟哈佛、柏克萊加大預訂 10 年尋找外星人適居比鄰星－ SETI「星擊計劃」，培養下一代科學家，祖克柏和霍金加持。南極納粹已更新，1995 後 Z- α 世代參與決策重構世界時，視龍交心之友，必有達人產控《鋼鐵人》氘氚淨能，對地球免疫更負責，中山大學電解海水氫電已鋪路，Go get'em， young man ！

北宋龍畫一套，火祆祕入新疆克茲爾洞窟，稱金液「豪麻」。江西永和崇寧－乾道（1086-1171）釉裡紅霞光乍現，徽宗大觀，蒼龍天蠍電源－心宿 2 成紅巨星，熒惑纏扭臨照硃砂痣，新建赤赭石兼燒影青天目釉，窯變漸多始不怪。青、白、黑茶盞顯鏡下，幅幅自由抽象派傑克 ‧ 波洛克滴畫，胎釉平整處〈河圖　洛書〉「越陌度阡／枉用相存」，客從遠方至，絕不辜負生死相約；晶洞處如璀璨銀河，修羅攪動泡泡大海，芳魂幽閉，天目山雞血石魂兮歸來！天命金國明君出黑龍江，拋錨燕雲、山西、汴京，立鈞窯名，窯系跨華北，創女真字，北京話，修葺盧溝橋，構築元劇橋台，飲越汝耀吉州乳水的高麗青瓷寧靜雅潔，矢志做朝鮮，體現靈命聲調屬物慾望的共好，翡釉象嵌高溫紅釉牡丹梅瓶 13 世紀計入李朝絕品，安南窯則受惠磁州系鐵鏽花和定白。

1187 年，埃及薩拉丁一統耶城交給君堡，十字軍回攻阿卡，兩方陷泥沼，騎士在此建聖母野戰醫院，瘟疫，英法奧來援取港。江西臨川出土旱羅盤俑，釉下鈷入波斯，中印、地中海、中南美均科藝圭臬；教皇阿爾比十字軍緝屠法南卡特里教，文藝復興熱機，聖方濟各翻譯拜占庭羅馬伊斯星象藥數煉金古籍，實用新發明超過千年加總，科學哲學分野。十三世紀羅馬失君堡，猶太成刀俎，法恩札 Faience 紮根義北，大學修道院歸納羅格斯數理、培根實作分析假象。新潮畫家雕塑建築不脫古典，《藝苑名人錄》隱約達文西一代宗師背後有洋蔥，蛋彩時代老師要求 14 歲少年畫了三年雞蛋。他有些諾斯底，放生籠中鳥，愛水如命，學貫東西，自助日能、球體波空氣動力、水、重力、地質、解剖、動植物，油畫「救世主」手持阿卡西水晶球，合圍非線性光學二十面八角折射，香波堡，大橋，金屬線張力，飛碟坦克，汽車滾軸排檔，微創機械手臂 AI，超前現代描圖功力空前絕後，法王延入宮敲開磅薄時代，被老學究遮塗的博物家已刻在石碑，長眠法國 Amboise 教堂。

南宋官窯不加裝飾，反璞歸真，觚擬蟲洞軌道面積週期振幅波（圖 5-4），翹曲折沿花口觚，或瓜稜，金定南遣成濃稠粉定，《瑤臺步月圖》案頭置杭州脩官老虎洞仿銅器插花雅器－灰黑開片花觚。長沙宜興、石灣、藤縣窯都發跡唐宋，景德釉裡青即元初鈷藍，良質鈷由玉溪導入（註 32）。燒瓷非霸王條款，織女標準型類人《阿凡達》時空壓縮虛實互補，末影武士柔水穿石，靈鳥才給駕馭，共濟會工徒員師階品，國寶藝師身懷無形

圖 5-4　宋　官窯粉青侈口觚

文資，孜孜世代交替的麻省理工。星種特徵為親近太空事物，童年有靈伴，不懼高，求知若渴，夙夜匪懈，過敏體質，極端重視獨處，對科學、考古、天文、高能量子物理投緣。

宋遼金西夏併立大地，清．梁巘：晉書尚運，唐書尚法，宋書尚意。汴京金翠奪目，綺羅飄香，石獅守清真寺，猶太夜遊御河，邦誼外匯儲備唐宋錢，宋明理學調和易理象數，強化男權自譽私見貞順、纏足，海瑞引刀鞬伐，會試落第。《夷堅志》甲辛卷現發光物，金末，元好問「問世間／情是何物／直教生死相許／天南地北雙飛客／老翅幾回寒暑／歡樂趣／離別苦／就中更有痴兒女／千山暮雪／隻影向誰去」。宋撫剿不定，重賦和買折帛錢，冗官軍費短促，冷熱兵器盛卻解悍將兵權，宋金夾逼，西遼平塞爾柱哈里發，歐洲以契丹即香巴拉，印加出，宋趁金飢寒交迫 1234 年聯蒙滅金。匈牙利邀條頓，波蘭聯條頓滅普魯士建騎士公國。

兩宋幽雲絲路斷流，設杭州、明州（寧波）、秀州（上海）、密州（青島）、江陰（無錫）、溫州櫥窗，大船由閩廣麻六甲或繞道印度、中東、歐非。佛國西夏泥活字、石窟綠壁畫獨步全球。南宋船工拓台，東洋針路台澎歸泉州廳晉江管轄，運陶瓷至汶萊（渤泥）。宋元，泉州成世界第二大港。7-15 世紀黑石領主和金牛星人接觸，共濟會佔滿歐洲史，承自凱爾特、羅馬、日耳曼，搶手香料貿易的葡萄牙踏上非洲。

尼比魯有一族 Nazi ？ 1879 年排猶暗潮洶湧，1894 年特斯拉公開光、物質、乙太量子力學宇宙，1905 年愛因斯坦歸結粒子波粒二象，一戰威瑪、奧匈、帝俄破產，惡性通膨，勞工寄望國家社會主義復甦經濟，希特勒炒作種族仇恨，炮製債權國自由美利堅內戰祭旗。愛知直墮球力非電磁場，提廣義相對大尺度宇宙，重力非力，是質量天體使時空凹曲，1933 年於普林斯頓講光波量子力學，欲入統一場論。總理也知龍脈，鍾情維京船、宋太祖火箭、音頻，Vril 符合畢宿 5 和平觀，GF 以教空巴飛金牛星交換別反猶，西藏派出天龍，元首要戰鬥機、金銀外匯藝品，丹麥揭發第三帝國逆天爆鈾，反對救迴紋針的愛才加快 Mark Oliphant 核融原彈研發，死前，說「我們發現的一切，包含數學，都是被安排好的」燒毀一份手稿，理查 ・ 費曼面對三一實驗的嚴重後果，轉加州理工任教。軍國傲驕，重蹈亞特覆轍，想用死光太陽炮射穿地球，英美空軍惡鬥納粹白熾 UFO 樣機，盟軍情報，德國物理化核首腦價值大過十個師，V-2 鑽地火箭、弗里茨－ x 重錘炸彈、生醫、海武，黨衛頭子抽調達豪集中營戰囚燒阿拉赫小瓷偶萊比錫專賣，蓋世太保勢不可擋。

白瓷大悲無言，1894 年義大利 G Marconi 看見 H G Hertz 介紹電磁波，獲英通訊商用專利，但俄先傳無線電報，美國想永保第一，不能承受一個強大的民族主宰歐洲（註 33）參一戰。諾迪克支持 Thlue、Vril、Black Sun 開闢月球－火星航路，1943 年天狼家族贊助的 Vril 轉告，畢宿有二顆可住星球。昂宿蘇美早期常聯繫，黃赤畢宿 5 若米開蘭基羅頭上長角的摩西光巨人，兩星球間有一蟲洞，德國憑鐘錶相機金銀精工潛力，試 5 艘，船體老舊幾百年。討英蘇失利，戈林師疲逃避，雷馬根大橋壓垮他。Thule 在波蘭強推大噴氣機銀球無線控（註 34），電磁引力驅動核心自旋汞制導，水箱與三組方向旋生類超導現象，反重力引擎讓它不受重力引力，改磁能脈衝；Vril 由女性監造駕飛 7 代星系專用機，Vikatalen 強化材，意念能，天啟又助成了蒙恩伯斯號。諾獎加大哈金森教授拋棄慣性定律，實現光電磁場、磁石、物質結構丕變，不熱硬金屬變軟，反重力磁化飛行不需推進系統。宇莫說，飛船是停靠太陽附近補給站，直接截取岩漿轉換，也引導儲存重置再現閃電能。物質與反物質結合湮滅成光，去年 Alexey Arefiev 用兩道強大激光創造反物質。

日月照溝渠，正負能量都發光電，法西斯馬可尼曾造死光線，1912 年，其無線電報救了鐵達號 711 人。飛船電力拉不住光，速度瓶頸，飛不出太陽系，走系內，得可控核聚變蝸光速，漫遊附近星系需隱蔽的反物質光速，銀河系外則需乙太超光速能，金星許可，大能量穿梭宇宙網通（註 35），能量不守恒後，1930 年，漩渦星系暗物質重力以萬有引力使銀河快轉不脫，LIGO 依據二中子星互動，刷新天體中的引力波時空變化。

不論，藉重力廣角鏡抓暗能量，或冷宇宙星輻波抓暗物質，超導材未必很強勢，物質組織層級行為在量子力學尺寸脫窗正常，美國證實，古典奇點曚背景不適用強弱公制，如今年諾獎超小分子調控基因生死，GF教，微型黑洞場域量子波旋場，是個不停壓抑聖光的反生命半意識場，如微中子受劇烈打壓成費米－芝加哥大學反應爐。將鉛汞置磁場冷卻，無電阻（恩怨）便跨磁障，再合金氧化物、碳奈米管、便宜實惠高溫跨溫超導，電力 0 耗損，低溫，永不衰減。

1936 年，德國氫空巴横越大西洋，俄無線遙控噴射圓頂旋轉，特斯拉和瑪利亞的電磁車顛覆石油內燃機，1957 年柏林幽浮垂直升空水平飛走，低噪。美蘇核競，古巴危機妥協華沙公約抗北約。21 世紀維珍中氣層落葉飄返航，SpaceX 濺海沙漠，寇克艦長也搭藍源上太空。新代梭星碉堡都回收，抗電磁，自毀，台灣天光電離有利地障反射電碼，巨石中央山脈，鶯歌窯燒 4 千度，電表測小數點後 15 位。電動車涉足不死馬達、大功率快放充（註 36）、安控、自駕、達慧互聯、感測光投影半導、元表面像素（註 37）、射頻陣、基板固球、延時自旋移軌、AI CRAM 與高通閃存抗極溫 Nor Flash、高密載板、無汙發電 IGV 反引力，The John Searl Story 零點能，理論上，綠交通部署關燈工廠，跟宇宙精神不斷鏈，推出陀羅儀常溫超導小飛車，網叉定點拖焚低軌的太空糟渣，輕重精機能量共振，便大致類推飛船關竅。

壓者，抗之。火山、閃光、龍捲、地震、沙海嘯等都是地球除垢。新華網 2018 年 12 月 30 日，潮汕遺址廣東南澳海岸沉積層出土大量貝殼，和宋官窯殘片，表明北宋中期的高點文明，文獻考據，1076 年華南受馬尼拉海溝水搬移，一朝家國失倫，洗牌後文創瘦瘠數百年，1253 年，蒙古平定大理，南宋又缺騎兵，鍛羽於元。

註釋

註 29：元祐元年 1086 司馬光（1019-1086）奏廢募役法　蘇軾（1037-1101）奏散青苗乞不給錢斛狀

註 30：物體的色彩學　本身不發光只反射　黑包混最多色彩　若加入白色可以提高明亮度的立體模型

註 31：波是力學反射　水量　壓力　溫濕　氣體　雷射　聲光　風電　火土　板塊等都能奪捨位移

註 32：宋青分西亞和黃冶龍泉吉州重慶　雲南（待考）　款太平興國二年（977）元祐三年（1088）咸淳元年（1265）

註 33：托馬斯　佩特森　美國的外交政策　1988　第二卷　威爾遜的外交核心顧問發言

註 34：評論　納粹飛碟探祕　二戰德國人確實認真研製過碟型飛行器　天天要聞 2020 6 22

註 35：宇明　人類現在為什麼飛不出太陽系　GETIT01、com　東莞　2019 7 20

註 36：科技　長壽顯示器　硅元表面電池超薄反應超快　LCD 屏幕勢被取代 星島綜合報導　2023 2 25

註 37：王郁倫 能元科技電芯技術大突破 打入六家飛天計程車供應練 經濟日報 2024 3 25

六、摩訶白蓮花　伽耶青玄鳥

〔元　1271-1368〕

歐人的兄弟是蒙古。阿修羅底層蜥人、文明君主臣民－蘇美重構皇室血統各自故鄉文明，中東、伊朗、印北梵語與希臘、拉丁、日耳曼、凱爾特、斯拉夫語同源，孔子殷商白人與南美殷福布屬高加索，美非洲蒙藏台灣原民毛利星光苗裔，以巴敘阿同 Y 染色體，阿提拉後代沙皇，最高統治者星散五大湖，地理大發現已無純種，昂宿亞特語 Bro 加七種外星方言，為《聖經》所言一度全球性的文明。

1192 年，十字軍之王－英國獅心王理查心儀阿拉伯之鷹－薩拉丁的大度無私，止戈。元太祖攏絡舊部來歸，定法典，拿漠北，1219 年西征，時法蘭克第五次東侵，西西里教宗和埃及會談和解，為阿尤布的暗物質－教育靈性折服。協議停戰 8 年。這次羅斯、巴爾幹、裏海、多瑙河稱臣，殺光土耳其，殄滅 Ismails，自由意志在金帳汗國丟瘟疫，毀了俄國希臘歐洲北非，絲路衰退，伊斯狂訂青花，建瓷器商埠送尼沙普爾、埃及、哈馬、巴林、也門，側翼滅巴格達佔敘利亞回朝，1291 年敗十字軍，和親東羅馬。回勝，條頓被匈牙利趕走，與羅馬結漢薩商盟，基督傳波羅的海。埃及剷除地中海岸殘軍，塞爾柱不諳昔阿拉伯多教並存，西方不安而侵門踏戶，基伊芥蒂相乘，歐洲不滿教廷、土豪，收復里斯本，阿拉伯數字輸入，身兼統領香料物流教皇的銀行家麥第奇，跟東羅馬遺民法布施 14-15 世紀人性希望種子。

元初，並重西亞，興科崇儒，鞏固華北糧倉，國師打椿世祖禮義之邦，乾元鼎盛，修河，從哈拉和林遷大都，取與金朝土德對比的奶白正色，神馬帶粉白閃光，廣收金銀開南詔銅銀，1278 年，浮梁磁局蒙旨督陶官匠，市儈富匠納稅免雜役和買，提領波斯鈷藍，書字借鏡宋代話本，高足馬上杯（圖 6-1）正信文化財行穩致遠。本來，人身可穿脫載具是置頂永生的原生外星－自由「靈魂」住的，地球給淨化場所，量子力學遵從概率函數，正邪受不確定機會支配大，擒縛基本粒子夸克彈會使地球冷凍或成糊，頂夸克瞬化烏有，超星炸毀大半宇宙，以色列大學實驗，以現今技術自然機制根本迴避造這種可怕大鋼牙，攻城掠地變青煙究極有上限，看是否想要更好的新創科技？歐洲從史前特洛伊到羅馬征不列顛，俄烏戰爭……史不絕書，每個戰役都很慘烈，天琴測到百萬年魂飛魄散戰債負量波，仍然縈繞太陽系外和地球。

宋元閩南船隊由治下回商販瓷，掠中西亞景泰藍搪瓷名匠置雲南，融合本地掐絲琺瑯製鉛筆觚。高麗駙馬國納貢青瓷，忽必烈水師征日，漂卑斯，可能成移民，設澎湖巡檢司，青花、釉裡紅是蒙古在文化上的開疆闢土，線畫釉裡紅齜訛必報，燒窯良率千中選一，岫玉之鄉－鞍山青花三友罐獸耳只算個起步，中晚期，攻克畫鈷銅灘頭堡。

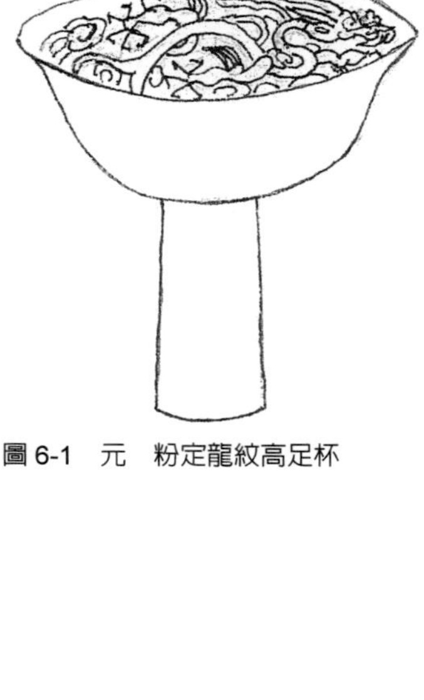

圖 6-1　元　粉定龍紋高足杯

蒙古尊回、藏傳、景教。中東卡珊鈷青 Faience 仿酣暢淋漓元青花，中瓷越蔥嶺、金山（註 38），總攻伊堡印度洋，與庫爾干，莫斯科，列寧格勒合流華沙，歐非海路追捧德化龍泉。基督徒為教廷翻譯煉金文獻，大阿伯特主教間接聞見賢者石變黃金，神學科學化冰，下世紀，金銀術士激發瓷土國德義英法白金熱。御土大藏《伽耶經》正行而堅實，上品莫來加瓷石－鋁，大器分段拉坏，拍捶固合，有的火石紅底足內壁深，不上釉，玉璧底漩渦盤力矩，均分瓷井體力臂，樞府也鏇修細巧的蛋殼瓷。內府皇用、太禧祭器官搭湖田青、青白、卵白、甜白、白（註 39），器形纖瘦，氣泡從乳濁微密到透明大疏，胚胎粗壯到婉約，纏綣一朵金蓮花；與金元粉定、琉璃、珐瑯、磁州、鈞都燒扁葫蘆高足杯觚瓶爐，御窯仿德化觀音，摩訶《大悲》菩提薩拓「天」「龍」一組 45 個靈魂，應宙心邀來的華嚴聖眾神道怪物常與聽經聞法，喻貴良知，大千諸天萬界都有求知慧根，GC 最高指揮即神鳥族；3 維生命自由意志法則下降前，魂歸北斗，喝忘川水，天狼反支 666 養尊處優的天龍尊白，與重質不重量的大角星人數都不多。

元瓷四靈依《山海經》修圖，蒼龍室女（角）、牧夫大角（亢）、軒轅獅子合組春季大三角，鳳吃龍，龍毒鳳，十不存一，俱受齋戒，燒完封窯封土。進兩伊高鐵低錳硫砷蘇青，鈷毒砂點綴鐵的疙瘩流光，釉面毛玻璃、絲瓜絡，元和明初鈣鹼暈青，褐鐵國產青（圖 6-2）（註 40），遛毛筆畫法到明嘉靖都畫染分工，如印鈔先箔後字，或國畫水墨骨骼線描主軸，筆觸嚴寬有度。大氣的回回青德里蘇丹皇宮、阿迪比爾神廟、蘇徽鄂魯冀內蒙出土等為精品，1980 年，高安窖藏指代性權重原汁原味，中南半島仿元青磁州窯，元代不分官民窯，兩岸同期高仿元瓷，滲透率強、學得快的，價值不夠，創意高專 AI 難取代，釉裡紅初期多大塊塗色，藝高膽大口袋深的才敢寫字或畫圖，金元閣樓雜劇款已神乎奇技了。

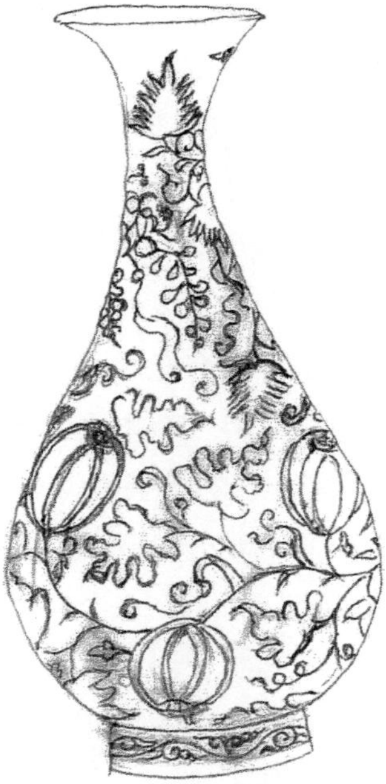

圖 6-2　元　瓜瓞綿綿青花玉壺春

962-1806 年，德國軸的神聖東羅馬再起，海上瓷路台澎巡檢司隸泉州府，至正災亂，撤磁局，與閩番交易，中國防颱船舵軟硬視潮流強弱，槳帆船從地中海經紅海兩河到波灣，換船到印度。馬可波羅和特斯拉都來自克羅埃西亞，商人馬可把橋牌、雕版印刷帶回威尼斯，說北京宮殿鍍金，揚州瓷土風吹日曬 3、40 年，緩慢陰乾，一個德化小瓷罐陪他於聖馬可大教堂（註 41），尊榮的帝國讓歐洲心醉神迷，錢電破土。基督教只認耶穌聖保，否定波士尼亞諾斯底道德兩極化和英國精靈巫術，伊斯坦、西班牙許多修士女巫被神學文盲粗鄙的領主教廷燒死，獵巫人和法官沆瀣一氣。14-16 世紀，安南學閩贛青花，會安溫潤內斂的陶瓷貿盛，出水泰船海陽景德窯。拜占庭學者西遷，騎士成封建又民主的高參 13 委，聖殿被凍產，天主教財富集中義大利、匈牙利，佛羅倫斯資本家懷念希臘羅馬，光明會發起文藝復興。1337 年，英法交戰火荼，西葡女王當和平使者，1380 年諾曼第佔加納利，換法王滿缽金銀，橫財利市發到赤道，漢薩走維京線，制出海口，麥第奇確認簽署。

元末，英國金雀花文教薈萃，統帥騎士公國，「自由大憲章」限制王權，封臣糾紛託付麥第奇大法庭。薔薇戰爭，紳士保護弱小精神起，尼羅河鼠疫捲土重來，科哲學陷入黎明前的疲軟，天狼離開，重塑羅馬晨光煥發，柯西莫父子使達文西米蘭舞台、金三角法恩札錫白、威尼斯唱詩班、彼得城、那波里黃紺青，喬托透視學、布魯內百花大教堂、跳脫中國科舉試第的全人都完勝此時。資本引渡不留白巴洛克，西敏祭壇搭歌德玫瑰窗，圓頂得數理家非學院雙蛋殼失圖，馬賽克，雕像，琺瑯，火山灰耐久濕壁畫星斗氣、郁崢嶸，貝尼尼參建教廷房地產，華麗和諧，老麥僭主城市 400 年，介紹贊助者，捧紅一票文學、建築、畫家、科學家，超越金錢，使佛羅倫斯永生，名載史冊，富豪都爭藏工藝品，培養木石金匠表達新主張，商模深獲社會尊敬。烏菲茲美術館東方三賢青花瓶辟百毒，科技藏鋒藝術，使義大利不朽。金元，晉豫冀贛浙閩窯採澀圈墊板燒，滇料燒鈞紅，普及北耀州、南龍泉，鳳凰山考，元代仍按宋法燒哥釉，惟老定質量不如宋金，琉璃戧金官窯在大都北京（圖 6-3），傳日本；青花釉紅在景德，kaolin 絹絲軟礦使中國不朽。伊堡（君堡）皇宮珍購 40 件元青花，基回東西文化落差消失。

圖 6-3　元　加彩創金瓷胎琺華盤

威尼斯捲走黎凡特香料、奢侈品貿易，鄂圖曼與被回教徒壓迫的東羅馬血戰，鐵蹄肅清巴爾幹，斯巴達式操練、奴隸、苛捐，阿爾巴尼亞討伐。耶穌會到麻六甲、日本、果阿傳愛。1488 年，迪亞士返葡述職非洲風暴角，達伽馬自印度滿載香料瓷器而歸。中瓷循葡航線廣州、安南、印度、好望角赴神裔熔爐法蘭德斯，接壤波西米亞礦帶的普魯士、捷克、奧地利綻放小白瓷花苞，從萊茵河源頭阿爾卑斯山流到荷蘭。歐洲獵象牙黃金奴隸，阿拉伯稱電鯰「閃電」raad，中俄祕魯開腦術，爪哇射火箭，西班牙義大利仿中青，土耳其將之與格拉那答紅宮釉陶合成皇家品味伊茲尼克藍磚，葡將安哥拉奴拉丁舞賣到巴西。聖母油畫中，男子仰望蒼穹不明飛行物，1800 年前墨西哥火箭一飛衝天，太一啟動分化，幼苗難養，莫忘大自然「棘心夭夭／母氏劬勞」無私無我的照顧。

煤本俠心，只送電，不儲電。甲烷產生 4%-5%CO_2，次於核電日能的 2-4%。石化是有機物遺骸吞忍深埋沼海數百萬年，高溫壓置換，不再碳循還形成，而太初地球深處碳氫自生原油，科技也看比數平均值，彷彿在想不到的歪倒疏忽，天狼原介紹核素為人類獻身，落到錯誤的人手裡，拿來做壞事，為此欠債，很久沒有物質形式了，不主動干預。外星人善待自然，物盡其用才能復權饋送重力，核災多出鴕鳥心理，芬蘭永久處置庫 Onkalo 居民卻高度信任接受，從德州大斷電，到戰爭能源危機，淨能空窗期高階核廢貧鈾就救兵。

科裡．古德 Corey Goode 揭西琴有誤譯。地球，遠看像大水晶，太空看，像沒國界小不點，沙烏恰似一片整齊發光馬賽克，多少將相成荒塚，歷史世代都塵埃，微生命無感宇宙大生命照常運轉，光陰似箭；從嚅囁到獨當一面，尼比魯靠近，卡謬們便自詡是悲涼宇宙單一行星、被遺棄的縹緲孤鴻。平行不同時空各有基頻、波形、振幅、週期、能量，若以大宇宙視角觀之，靈魂各懷使命在己路傴僂前行，地外生命和非物質 5、6、7 維的存有、星際人、登入者不讓星星孤寂，每人都有無形團隊支持，像某會發表一個其他人所需的起落心得。上帝用泥土捏出亞當 1 號，許配天使元配 Lilith，她覺同等無別，不甘雌服粗魯專衡的丈夫，閃離，自我放逐瞬移紅海地獄，不吝和魔獸有染，當薩邁爾（非玻璃心的路西法）妻子／情人，隨南風出現的女妖，孤傲古蛇哄 Eve 吃下善惡果，生羞恥心，說謊推諉，不給永生果出樂園罰受生產苦，十三人類出生，莉莉絲不顧驅魔人的警告，倍罰，雙方不斷追殺對方後代嬰兒，莉莉跳海，被路西法救起。476-1453 年，因恐懼，義法和平潔淨卡特里（註 42）和夜魔女被當文明野蠻人酷刑代罪羊，屬世病離苦離多，地球被近勝者認養，領受娑婆肉體生活，6 千年低靈異次元一蹦出宇宙深處，立馬黑洞晶片催眠，長大第三眼預知感被欲望蒙蔽，隱入泥丸宮，回溯困難，腦內兩顆身心對立，肚臍的性愛分離，生死輪迴多少世，惟源星石追隨，一道光便拖離紅燈。三萬年前環狀星雲琢磨亞特、雷姆，三叉戟也為皮斯卡灣機場導航，但 Arhus 和執念者光戰，9 維昂宿慾界期只用最低三脈輪，最像人，喚起亞特另個天魔種族，眾神子孫自修揭諦，欲求 69 圓滿，屬靈屬物請循序調頻歸隊能更改地軌和極跳的祖先。

元末期，宗教裁判所滅卡特里，鼠疫躡近天主教。英國大衛爵士訂購上饒青花龍紋大觚瓶，巴黎書店老闆低價購得一本阿奴寶笈 - 猶太人亞伯拉罕撒拉秘辛，找卡巴拉重鎮西班牙希伯來，將「水銀紅石」變黃金，富可敵國，傾力公益，傳與妻都延壽永生，與拿到摩西權杖 18 世紀來回穿越，自稱見過所羅門、也們希巴女王、薩拉丁好友獅心王、警告法國馬麗皇后傾聽民意，拿萬能魔藥周濟窮人的共濟會雅痞聖哲曼伯爵，和《哈利波特》鄧不利多校長煉金士朋友，亞瑟王，黑女巫，梅林法師仍在人世，傳世抄經以凰鳳做代碼。

元代阿拉伯從印尼轉口回式青花、釉裡紅、青、青白瓷、貼塑，波斯收藏元明清瓷器，17 世紀，中瓷成聖器，南美看頭家，如畢卡索戰後畫在蔚藍海岸山城陶坊大盤－泰妲月后送給地獄，狂蒐醇酒婦人的農牧神，「好藝術家模仿皮毛／偉大藝術家竊取靈魂」，坎城揮霍的自由，露天咖啡步道也讓馬蒂斯、夏迦爾、雷諾瓦流連忘返。

黑洞被捕伴星在外圍築防吸積巢，再掉入，磁場囚禁，流出絕美雕刻物。負能量－量子 0 生反重力掖助穿隧星旅，2018 年，銀河伽馬年太陽歲差大愛波，下降的 Tara 骨肉一部分 Earth 歸建恆星後，3 維已遠，惟留朦朧回憶倒影，沒準備好，或不願負擔靈性責任的將轉世另個 3 維星球，走二萬年業力課程。拋核自製飛船是宇星文明根基，一湯匙光能，抵一畚箕核能，但是，人類耽溺自相殘殺，不斷重演玉石俱焚悲劇，心正意純才能開發自由能量。

特斯拉是一位飽嘗世態炎涼的卡諾里巨星，刻苦勤學，風度翩翩，固執 3 的倍數，能腦算微積分，說神造太陽系，光電有生命，泥土導電，物質能量是由周圍環境獲得。與前世達文西行星電聲學由 Alexander Putney 接手全球四維磁次共振。註冊 278 項專利，自牧開發的無數，體貼貧苦，帶美國進入遠距安全便宜的線圈諧振變壓多相電路，瀑布馬達，無線收音機時代，不擅俗事，被奸商律師特務剽竊隱瞞，他的感應電動、布拉格 0 燃料反引力重力機、智慧手遊、粒子牆仍被引力高能宇線，WiFi 遙控，碳氫油電車，快充（註 43）電池，電療汲取，馬可尼學生自言，許多理論取於特斯拉研究室，曲速引擎用負能量收發（註 44），Max Born、Werner H Eisenberg 無定域的小混混 - 波動力學補償分速結合相對論統一場域超光旅（註 45），線性代數與波函數微積分等價，先接引力牆記憶找宇宙之弦，當越多被嘲笑的非主流科學找回公眾對專家的信賴，如讀心機（註 46），才恍然，曩昔有個被河蟹掉的奇葩。

德國飛彈進逼巴黎倫敦，邱吉爾斥內閣懦弱，領導迎戰，首相助他兵推克服難纏的假想敵，墮血騎士附身鐵十字黑衫軍向東征地，希特勒信奉達爾文適者生存論，但不少學者定義，高等雅利安來自北歐，猶太也有金髮碧眼維京神。1943 年，隆美爾拖盡義大利存油，資源懸殊吞敗，盟軍攻下西西里，二戰犧牲德國一整代英勇出色工程師，超人為挽敗局，斥鉅資去西藏尋可翻轉乾坤、刀槍不入的沙姆洞穴，欲倒回 1939 年修正錯誤，不死兵團重戰，然逆轉時空是天賜禮讚，也是詛咒，次年，艾森豪偕自居漢尼拔轉世的巴頓，諾曼第擊潰西線長城奧瑪哈，家屬替偉大過的屠夫揹十字架，元帥炸毀武器用飛盤，服從被連坐的處決，同盟國搶核人設備，含取代石油開發的零點能。

一戰凡爾賽公審太苛責，法英美取東德煤、地、封鎖港口，禁止德奧合併、設空軍，被鉅債裹脅的民族愛國主義過激精神脫韁，外星很怕直接教技術被誤用，焦土二戰後，Vril 超光旅，六千飛船技術人員失蹤，資料全轉黨衛南極 211 基地，地圖上，去了地心。德國和神鳥族更高竿的殺手鐧船飛白宮示威，繼 1680 年德人赴美，遭停職、徵兵的別隆專家被 NASA 與蘇聯網羅，德裔移民在賓州、安納海姆開酒莊，打冰上曲棍球、職棒、戶外極限運動，全球網際網路，再生儲能夢。納粹挑戰獵戶，聯合艦隊漸次操控後航太太空軍殖民大半太陽系，1960 年影子超國家體允北約和中俄入駐月球火星，開始遠程電信，十一年的甘迺迪阿波羅計劃。非營利基金會發布太空可自由 α 航之旅，中台都探深空，Elon R Musk 旗下全自動，怕 AI 自主感知「駭客任務」，發願造福 2050 年前送百萬人回其母星－火星，備份可從地球斷奶的硬漢 X 帝國，予星鏈網太空溝通重任，2024 年 9 月 12 日完成太空漫步。1966 年，聯合國「探索和利用包括月球和其他天體外太空活動」憲法規定，禁止部署核武或大規模毀滅武器、要求主權分封，守望相助。1987 年蘇聯地磁泵時光機對磁場特殊衝擊減加速，駕飛船是坐著調改內外能量電磁場域，原子全消出現軌外世界，不過，光傳分解盲目粒子原地蒸發去性靈時空重建，不掐斷靈內那條 4 維乙太銀色高速大道才得因果隱變，質量完整遠距瞬移（註 47）。2022 年，諾物獎頒給 1980 年代打掃、補全量子力學漏洞－貝爾不等電路障，只控制量子糾纏疊加撮合任何距離切換信息樣態。

註釋

註 38：天山絲路張騫由西安塔里木往哈薩克　土庫曼　吉爾吉斯　烏茲別克　塔吉克　阿爾泰山　班超由洛陽敦煌往莫斯科

註 39：光的色彩學　光源光波長短強弱比例光色不同混合越多越白　72 頻譜可推斷星雲化學元素　物體反之

註 40：雲南料見吳白雨　明代江西湖田上饒樂平贛州高安上高宜豐浙江紹興金華雨廣鈷礦　遠銷中東非洲南洋

註 41：Edmund de Waat　白瓷之路　活字出版遠足文化發行　新店　2016 11

註 42：路易絲　普萊克　翻譯 Ira http://www.golden-ages.org/2019/04/05/20190405-01/

註 43：Daisy Chuang 用有機材料取代鎳鈷金屬　麻省理工新鋰電池可快充還更安全並授權專利　2024 2 22

註 44：非線性光學　折射　反射　繞射　干涉　扭曲狹縫　透鏡成像　突破極限與光弧量子光學測磁器可跟生物物理結合應用

註 45：測不準原理　量子力學的基理　小粒子位置和動量不可同時被確定　必須通過光子　一種明明已經抽真空 0 能　憑空出現的一靈微量反射光子干擾待測物動量　反之

註 46：Lowton 麻省理工學生發表讀心機 說話毋須說出口就可辨識 準確率達 9 成 UNWIRE 科技 2018 4 29

註 47：Nicola Tesla 重力動態理論　物質來自一種微細充滿整個空間阿卡西或太乙生命朝氣　重力存導來源　電磁可使其旋轉改變重力大小　當開始研究非物質現象接下來十年科學與心靈結合進步將超越人類所有成就

七、小山交疊金明滅　鬢雲斜托香腮雪

〔明　1368-1644〕

元末，英國新興資產階級頒「眾人事，眾人同意」，鎌倉幕府熄燈，法國否決英女王繼位權，百年戰爭，鳶尾花貞德遇難，卡法黑死病撲羅馬、倫敦、馬賽，義南死90%。蒙古兵力稀釋，通膨，白蓮收摩尼－明教，貧農奉天承運入伍紅巾鴻鵠扶搖而上，1367年南京北伐，太祖廢澎湖巡檢司，廣州一口貿，禁和買擾民，止採金銀，三晉東南遷，外交厚往薄來，生殉宮妃求冥福雄風氣慨走火入魔女權斷崖直下。

洪武曹昭鑑辨《格古要論》缺鈞窯。明初司禮監二十座窯，抑配經費夫役燒上品龍缸部限瓷，均質錙銖必較的釉裡紅，元式「局用」白釉、青花入皇祀（註48），浙豫官搭欽限瓷。天助永樂阻帖木兒，府庫充溢，一爐二燭台二觚五供定制。鄭和似以牽星板導航全球，澳洲海灘發現明代佛像，卡羅萊納出土宣德銅牌，送出伊斯金屬式瓷器，攜回黃金國三佛齊鶴頂紅、燒藥玉人，薩邁拉回青，剛柔相濟蘇麻青，照光見影醇和通透甜白，戶工部提純白不，瓷泥混高嶺，宣德梟首貪酷虐下中官，1973年上饒冰溪出土四方花口銅觚。葡帆船重燃波江星座火把，正統節官窯，江寧出土洪武釉裡紅、鐵紅，九年，夷人盜領光祿寺碗碟五百八十三件，土木堡後，遺命廢殉葬。

景泰1453年，瓦剌起，英法混戰終，條頓被倒戈只剩東普，突厥滅被威尼斯賣君堡，偏袒拉丁斯拉夫作主。燒青花釉裡紅，以紅釉作主。天順十年，匠工逃亡三萬八千餘，正統－天順珠山層出土大缸、青花釉裡紅鴛鴦蓮池碗碎片。泰船滿載安南、景德窯填補海禁斷層。都鐸復興，歐洲渴求亞洲黃金鐵絲棉瓷漆茶、香辣藥材，西班牙瓦倫西亞受阻土耳其、熱那亞，大西洋沿岸爭湊克拉克遠東艦隊，向西海圖獲班女王首肯。

傳中美姆沉水域有核防系統，地球 12 面南北回線對陣電晶錐，包括了美國女飛行員和核武潛艇機船失蹤的福爾摩沙龍三角。哥倫布帶著致元大汗國書、定位磁差儀衝進百慕達海盆噴吸門戶，1492 年登陸海地、多明尼加、古巴、海明威寫作的比米尼島，西班牙橫掃加勒比海兩側，授地，徵賦，鑄銀幣，歐美大換液。

成化納銀免當值，1477 年准外使買青花，埃及凱貝特蘇丹送麥第奇一個中國大瓷，驚為天人，傾囊仿製。白油薄粉定多次上釉，鬥彩五彩甌、天字罐雞毛筆精極（圖 7-1），未滿足甘苦人的溫飽，葡先發羅卡角、荷姆茲、麻六甲、印度卡利亥特。德人回國創薔薇十字芳療共濟會，和睦教會，遠航書簡、英荷煉金術促生新弘治，達伽馬到印度時已知中瓷，班后還收到 麝香琥珀沉香信息，英荷維京開發德拉瓦，葡佔巴西；正德廣鈞宜鈞「照花前後鏡／花面交相映」，博山、彰州、龍泉、德化瓷「秋影白石／碧桐翻雪」，官用回青、國產、礬紅款，回道為青花加分。南美產白銀，明國銀貴金賤，商品具國際質量優勢，便以銀易貨兌金，武宗痛扁葡，凌遲內廠，印度爆巴基斯坦衝突，波希米亞財困煉金師齊集

圖 7-1

布拉格。日本帶回中國瓷土釉，西班牙卡洛斯王朝發枝，葡屬印度總督使者到廣州洽商，摩爾藍白花佇立耶穌會澳門，靜觀世界工廠的金元革命。貝里尼畫《諸神宴》元明青花，1517 年，浮梁商人帶麻六甲佛郎機進貢；馬丁路德斥赦罪券、猶太不歸信、鄂圖曼是神降罰，條頓改革羅馬桎梏，教皇聯姻法國，1572 年巴黎殺害新教徒。

1534 年，英王欲離婚再娶，領袖新聖公會國教。他有二件中瓷，德國大公有 233 件！傳 1553 年後澳門買的瓷器可驗毒、治牙痛、止鼻血，毒物化醫帕拉．塞斯說靈魂（硫磺）、精神（水銀）、肉體（鹽），人體應補充所缺。西班牙滅瑪雅、阿茲特克，為金銀紅木甘蔗胭脂蟲，封酋提撥收益，反串邪說拷問偏見孤立焚燒化石文獻，只救回殘書，在喬盧拉金字塔蓋聖殿，土著頑抗，回捕非洲奴，探美加。義大利入東非烘焙咖啡，麥第奇挺條頓的哥白尼觀月掩畢宿 5，糾正「地心論」，新教徒教授贊識《天體運行》，主教表興趣，道明會同修 Giordano Bruno 殉道力挺無限大宇宙、生命、魔鬼得拯救，尼斯公文館存 1608 5 29 熱那亞外星人大戰史實，托斯卡尼大公資助伽利略千里鏡看見月球、木星四衛、金星滿盈，地球非宇心，1632 年定調「日心地動」。教父金援學霸工匠結社光明會實證科學，梵諦岡法庭鎮壓，耶穌會反躬，宣揚謙卑守貞、濟貧興學。其實《聖經》不排富，而視餘力，如貴格樂善好施同情弱者，聖座重建聖彼得教堂，認為只要公平誠實，百家樂，適度，賭博就非投機；靈修會替貧富際遇落差注射強心針。

西班牙各教共和，回教復辟，商貿逐摩爾。嘉靖初，葡盯饒州，海禁，跟葡倭海戰，釋放官辦民燒，匠人納銀按月當差，失鮮紅，《江西大志》燒四郊配祀二十八宿，御用部限瓷船運至京，內帑制式數量，禮用同工。官員欽限加派散窯，缺料以脆薄充官古，陸運，用珠明、土混、新疆回青畫鯖鮊鯉鱖藻，Sop 青箍落款，青花礬紅魚藻蓋罐筆觸細緻，潤色學染不學畫（圖 7-2）純熟颯爽。班侵祕魯、墨西哥 印銀圓，葡南博物館收藏麻六甲司令訂的 1541 年刻款中青碗。仇英畫《蕉蔭結夏圖》大侈口

圖 7-2　明　嘉靖青花礬紅魚藻紋蓋罐

觚，起筆《清明上河圖》乃宮變前奏，帝翹班，強搜人夫商民物料廣建宮壇；嚴嵩亂，江西布政司拘獲鮮紅高匠重賞燒造未成，葡訂徽章青花，大器幾秒就摧毀數百萬年形成的土壤，比入火，十無二三完器，蘇州、松江、常州、鎮江、應天（南京）窯戶逃離，索要姹紫嫣紅，修琢方圓套組燒量無窮，雲南礦霸圈銀天下怨恨。歲入差，海瑞平賦稅，清冤案，1561 年 4 月 14 日紐倫堡雪茄十字幽浮戰爭。馬尼拉世貿啟航，白銀大流通。班進口中瓷，麻倉斷，運費飛漲簽辦攤派抑奪，明末，菲流入玻利維亞波托西白銀 3.2 萬噸，通膨，糧荒。隆慶開關，海內外承平。

萬曆改鈞為均。廣昌出土元年開光青花盤，香港大埔燒青花、觚。一條鞭逼小農賣糧換銀破產，浪人結寨走私，《潮州府志》1577 年 12 月 3 日螺旋推進的幽浮。孝陵北斗七星定陵金鋼牆影射猶加敦奇琴伊查 55% 大雲母雙折射卡斯蒂金字塔（註 49），植物野青波縷石瑪雅藍，羽蛇神勸托爾特克別行外邦人和死刑犯的活祭，得罪三夜空神，乘蛇筏離開，成阿茲特克，血祭遺禍鄰邦，才聯班終止殘忍的統治者。特奧蒂瓦坎亡靈大道迎親魂午夜歸來，飲酒歡渡萬聖節，人回 4 維星光層做仙，丟下執念，善終平行世界可反魂回與天齊壽，以草木砂石玻陶融化沙礫陪葬，比核戰二千度低溫，會慢分解，金字塔能夠舊新滑順轉換才留下來，缺少心力生態位置塔，離本質遠的受世界體子崩塌影響，會陷縮，斷根退回基本元素進不去新世界，故移形換位時大自然安全。

1582 年，葡載絲瓷赴日，遇見台灣。《坤輿萬國圖》異變歐亞局勢，英向荷訂瓷，荷募股造船拚航海，法國波旁特赦宗教戰爭，振興手工，義大利仍青金石析取紺青燒藍玻璃。麥第奇后不愛法王，帶去義式烹飪、時裝，在楓丹白露設宴，共好是陪嫁的明瓷。萬曆高嶺取代二元麻倉。條頓任奧地利攝政，班分裂，1600 年倫敦設東印度公司總理群島商務，荷議會特許好望角至麥哲倫海峽治權，西葡海上定位儀不拉荷蘭，瓷船滅頂金甌角，荷在新加坡海域剪徑葡船，拍賣十萬景德青花抵英宮年收二倍，再買三百多萬件，明國需銀缺料暴動，停燒，禁海令，EIC 送澎湖歐式木瓷樣，日本信樂燒原用越窯龍泉、滇贛青花、安南絞手（註 50），壬辰倭亂強索朝鮮神匠定居有田白河，借鑑中韓技術混搭伊萬里、荷蘭新航道，全球大開礦。克卜勒揭行星繞日軌道，面積，週期。航權時效潛規則：先週知，後勘界，鄭奏明移台，萬曆末至清初販瓷 1600 萬件，助安南行銷，EIC 事務報告鄭獨攬營利，海上白銀都入江南豪紳腰包，減貿，銀價滑，工資漲，僑商資本物流雙順差停止，通縮，飢荒。

《明史　志第五　五行二》二十三年九月夜福建永寧、永昌天火隕於西北。天啟，止採銀礦，一紅火球飄於京空。班運寶船沉於哈瓦那，進台北盆地，和平島諸聖教堂出土交易來的中瓷、青花、安平壺，帝重東林，拒皇太極求和。荷也征台，攫蘐摩鹿加，得瑞典王特准立公司。南京故宮出土午、丙子、壬午及「某某科置」款青花盤，但思宗白銀誠信潰堤，經濟轉逆差，官提以銀換鈔度支，京商舉元至宣德寶鈔貶值，嘉靖巨中半折銀，官俸不到國家財政預算 1%（註 51）。荷租澳門，英逐葡，白蓮舉反旗，廠衛、權臣黨爭，明英戰後由鄭芝龍供貨，龍泉德化蘭舟一去經年。末年，EIC 雇傭漳窯代工景德青花，宜鈞廣均站浪尖，汕頭安南瓷如影隨形，平和交趾燒輸台。後金來犯，江戶半鎖航，仍開放月港，贛人主政予瓷業減稅，彰南針經基隆、淡水、墾丁、釣島都在姆遺跡沖繩菲律賓必經（註 52），1641 年十萬磅墨西哥金銀商船滅跡康瓦爾，逢李自成兵臨城下，庫存僅餘黃金 17 萬兩，白銀 13 萬兩，燕鴻過後鶯歸去，挽斷羅衣留不住。

15-19 世紀君堡和基督教分庭抗禮，統匯沒法圓場，歐俄各謀出路，歐戰。義大利麥第奇府邸照亮資本財富，上承哥德，下啟凡爾賽宮，Majolica Tile 含美索、邢、巴洛克花磚加持荷蘭，英法班保皇派逼仄新教，戰爭，倒債，誓師義理博愛誠實的英國北歐共濟分離派清教徒陶工落腳台夫特，呼籲宗教寬容，仿萬曆青花，轉傳維多利亞、日本。世路多歧，人海遼闊，英人為自由、土地特許闖蕩北美，土著教農耕，送瑪瑙珍珠，但天路客站不穩，1607 年牛津劍橋畢業生、流亡浸信會、反專制閱聖經虔敬渡日的貴格回殖麻州維州紐澤西，阿帕拉契瓷土和英倫康瓦爾月亮土締下斷箭之約。EIC 傾銷有田明式瓷器、芙蓉手、VOC 荷蘭南洋船隊伊萬里，撒克森宮壁爐裝飾套組大青花。明末清初，蘇格蘭大夫和英后引入茶飲，藉巴貝多蘭姆酒增戰力，里約進黑奴，出黃金，加勒比海譜寫班海賊王、巫婆、苦力，寶藏傳奇，地球充斥弱肉強食競逐，馬公堡重現熱蘭遮城。

知識啟蒙初期，耶穌會 A Kircher 作磁、引力學，破譯伏尼契祕文與聖體書，東方貨物上浮百倍聚財動能，歐洲中上階級從私邸中國廂房銅鏡看到更多自信，剛需綢緞絹絲刺繡茶漆器壁紙家具園林、湖山春牧一億抑制心魔，化解隔閡，拓廣宇宙之美，還有能力流淚，拍賣雪拉同填不滿死忠粉絲胃納，江西解禁也仿伊萬里。畫布中，一套青花茶具，五彩蓋罐，潔白幽蘭鶯聲出谷，清英摺倒日荷，歐陸窯廠千帆齊發。

生物圈是大生態環流一節，迪斯尼《星際寶貝》強霸博士實驗品－史迪奇，因一抱而被視為有文化的生物，當次元滲疊，幾何場會先變弱或歸零，常態性災禍抗爭，極移，地磁消失，水上下人造聲納使人、候鳥、鯨魚都找不到磁力線導航，慌亂，失聰，方向顛倒擱淺，重力失常區旱澇颶風核裂更狂怒，百萬物種逼入絕谷（年一萬），中研院專家：目前溫室氣體比過去 65 萬年高，本世紀末，均溫評估上升 1.1-6.4 度。2030 年減碳大限到，2045 年的未來人說，AI 統治跨行業，全球成單一國家。不認愛，地球公義演變昏聵，質能退化，城市荒廢只剩七適居點，智機病毒強權競爭，2081-2681 年 4 維過渡，GF 木星火星老靈魂見危即介入，龍婆：2130 年外星教人類發展水下文明。

巴洛克理性懸念人本，人文技術共生，併入下兩紀科技同道。世界 99% 決策、推動、顛覆者（註 53）復仇 Cathari 光明會，敢於求知，克服異端（異教徒），培訓頂標學府政企六藝場域新社代理人，與神權怪獸殊死鬥。明末，東林遺孤不仕清，抨士大夫變節無恥，推「民主／君客」，國內 4 億兩白銀未跟歐洲同步貨幣改革，紅龍銷匿，天戟大明，長白山神女為止戰生愛新覺羅，朝鮮和瘟疫不碰後金，北共濟為報滿門抄斬之仇，助天池血胤北狄，獵戶／仙女／蜥人入關，南明腹背分化瓦解。康熙尊上開博學鴻儒，薄己厚眾，廢殉葬，綿亙明代的鼠疫絕跡了，墾民順風相送，舟船以唐山磚甓泥塑壓艙。中、敘精神地脈深，故朗月清風天龍為勁敵，摩蘇爾河水嗚咽，斗姆女神陶器在荷姆斯、泰德穆爾、拉卡、曼比季、阿勒坡上空旋轉花香（圖 7-3），加密休眠基因能複製，精神難回復，如亞特不速之客改造美人魚、獨角獸、海怪、超級戰奴，2 維殭屍存在 3 維只 4 維超球面一塊，意識壽才都減半，聽話的 AI 伴讀不能寫劇本？尊嚴名譽偽深難拷貝？加州理工繼羅森橋造糾纏黑洞賽特捷徑（註 54），但宇宙現有 4 千萬兆黑洞，都是重力對偶嗎？宇莫研究穩惰介質氪，當腦爆能，心雪崩，諸神逃離，聖賢在，冰層撐破地質，洪水後摩艾眺望海天，亞特餘口 200 萬多基改人，第三次播種中。

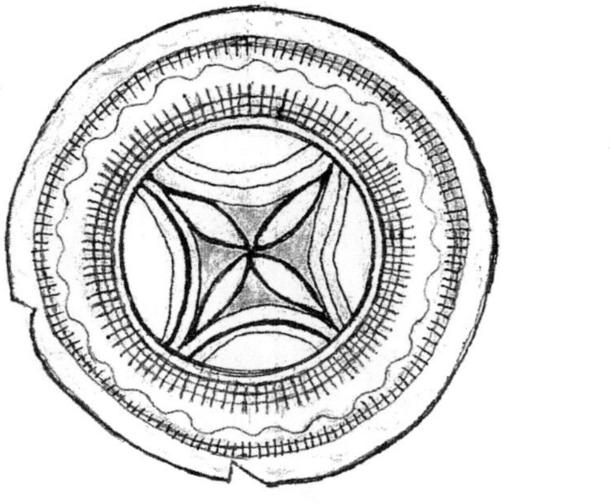

圖 7-3　新石器　美索不達米亞　敘利亞哈拉夫彩陶

阿奴意外發現地球水超導有色金屬，插手天琴協議（註55），修了二個幾何能量體，姆多種基因雷姆穿越金星、北印、拉美、地心變種蘇美藍血人。二次金字塔核戰後，阿奴省視中美空港，放棄馬杜克，支持波斯帝國月亮神，居魯士滅巴比倫解放猶太。中國孤狼養育一隻狼仔，窯爐黑洞吞噬萬物，喉嚨吐出瓷器－葡后贈送義大利國王大獎。近世，稀土文明費城原彈造成地磁臭氧無法剝離致癌太陽風，幽浮、歐美航太總署都監示。德州「光明會－新世界秩序」卡牌自扮魔鬼，警世除草激素、基改飲食、消毒液、氣候戰、廣告控心術、癌症年輕化，病毒攻略中美國會大廈，地球資源超載，絕地武士留置的武力都3維像素化，因感光劑基板化武、神射手晶片莢艙、純量勢能井BNL，攔截不到的飛彈發射台轉佛州，以賽亞書指點大地起落時12避難所二方舟，若非後亞特也成住壞空，人類不久有能力去宇宙發源地求生。龍婆：2020年一個大陸受Corona監護即指COVID-19，停產汽油，太陽能火車飛馳。兩神裔大戰是粒子間互相抵銷的損失，被認調放失序必要（註56），中美捷棋－台灣，海峽中線如愛奧尼亞海蟲洞，GF初見虎口下的艾克，就憂心負等離子毀天滅地，訓導放下屠刀，在太陽系清理許多異常，總統後悔了，1985年美蘇峰會裁減核武，2018年12月28日紐約夜空併發藍光蕈狀雲，附近電廠出包，傳希特勒早投生南美一個懂愛的家庭。

善反思惡的品質，GF遞出橄欖枝，自曝身分與數十億銀河戰略聯盟部署？許多人懷疑外星人故意躲貓貓不肯見我們，天大誤會！蘇聯太空人 說「外星人非碳氮組成／可能現在就在這裡／只是看不見」，以色列航天負責人歸因高智怕人類承擔不起。飛船自我意識頻波在台、美、土耳其安穩地殼板塊。85萬年前的「盟約之弧」行星方舟單向地球和仙女星系的電弧，靈魂能降地球內星門，除非擁有5維弧盾6根鑰匙才能回來，由於人類遺忘本源，光減速或停頓。天地網橋建在保留亞特文明的阿卡西發電機上，以黃金螺線轉輸乙太，進入金字塔氣喘平息，冥想。冰塔毀，人類DNA意識更低，洪水後一群昂宿 α 和 β 半人馬建立了思想神權統治，宗教都尊己，屢戰，3500 年前一些族群退出，昂宿重掌地球，GF 建克里特米諾斯邁錫尼文明，蓋婭獨眼巨人鍛冶雷霆送宙斯，審美強，阿加森覺得不錯，促成羅馬。2014 年，埃及 Isis 銀心女神再激活聖杯，校準約櫃充電破宇航時間謎陣，近 25 萬年，GA 尋求 1% 提高 10% 小靈丁揚升，Gaia 盾解除，自主拿回阿曼達藍火焰所有權，回 Tara。

2018 年 9 月 26 日，里斯本河口挖到明末（1575-1625）印度翻船，滿載香料、萬曆瓷、大砲，歐洲王親平民下午茶都拋棄陶木金銀器，在廚房享用好沖洗的克拉克歐式中國杯盤、執壺、芥末瓶、鹽罐、藥碗、大盆洗，瓷板塞滿櫥櫃，全球往來最頻繁時，罪孽深重的「不歸門」遭巨浪汰除，徒留黑奴天花痛苦教訓。

註釋

註 48：黃艾　御用瓷與官用瓷　生活　2020 4 11

註 49：古城名七個偉大統治者　該塔頂端小神廟祭拜瑪雅庫庫爾坎藍綠身白的翅羽蛇　後屬阿茲特克神明之一 Tezcatlipoca　意神性大地　地震　黑翼　北方　誘惑　支配　黑耀石　敵意　魔術　戰爭　預言　美　能力強大

註 50：朱琺　越南青花交趾燒陶瓷之路上的補給替代與平行產品　2017 1 26 & 黃艾　越南瓷器　2018 6 22

註 51：徐瑾　白銀流入與明朝滅亡　白銀帝國（3）　選摘　新新聞　2018 10 1

註 52：姜朝鳳　台灣東洋針路／中國一帶一路／東西羊針路／澎湖　2018 3 2

註 53：夏小強　①光明會真相合集　2020 12 5 ②美國推背圖　95 年版《光明會一世界新秩序》2020 12 17

註 54：Bigdadigest 穿越成真 科學家造出史上首個蟲洞 Nature 發表科學 2022 12 4

註 55：Album/Blog/Message/Profile Cashback Clarity 蜥蜴人　史前文明之衝突與創造　2014 4 19

註 56：C T Jennifer　他在百年前就預言第三次世界大戰　細節與現在吻合 中時新聞網 2016 3 9

八、光之極

〔清　1644-1911〕

英國女王御醫 Willian Gibert 發現磁偏角，認同希臘萬物有靈，地靈即磁石 - 吸萬物重力，朝上，天地水便合一，光滑勻稱兩極加鐵帽可增磁場力，建地磁科學。摩擦琥珀有的有電，能吸物，不生電的不傳送只保存電荷，磨鏡片光學繪畫維生的斯賓諾沙 B Spinoza 推演泛神論，萬物都努力維護自身的存有。

16-18 世紀，三億國瓷吞歐亞，波斯薩非禮聘中國陶藝家，拉美敷古靚藍，耶穌會士想救農奴，水滸轉生驍勇的漢滿，順治興教化延內府廣儲官署，廢世襲匠籍，廣東招商，EIC 赴穗。鄭略台，荷蘭通貢受阻又海禁，米德堡會所失溫，1653 年設陶坊，撞衫中青轉單日本參景德客製，次年，德國總結重力動力學製 汞真空球閥。鄭據台閩，媾和荷蘭輸入中日泰越歐洲陶瓷，張岱《陶庵夢憶》細腰美人觚淵藪。1608 年重開官窯，祭器不向地方派徵，瓷庫古彩瓶如花美眷胡旋舞，商代起，容不下的夷夏刺絲網拆除了，教廷派駐廣州傳信部。英葡合婚以中瓷茶葉納采，荷蘭跨大西洋，1680 年尼比魯不再來，昂宿把這漫遊者從太陽系拔營了，歐洲翹首成打東方瓷器快遞，康熙施台澎行政，廣州、福州、廈門、寧波、松江自貿，仁孝皇后大度和藹，盛世踩油門，夫君盡責盡禮。

路易十四親政，康熙在御廠養心殿造辦處接見耶穌會士，黃底藍龍旗下，歐亞巨龍金芒耀眼、白浪翻飛，臧窯型制鳳尾尊、多管瓶採天花板有給制，藍用浙料，向神父學銅胎琺瑯、占星盤、幾何音樂，後者學滿文、經史，加納利群島亞特金字塔尖水發白熱光，估計，是微觀電子也具波粒二象，塔心保冷，在水中行進比真空光速慢；陸地特產傳外星移來的回春龍血樹，殷弘緒西醫用香檳氣泡郎紅尊，盛裝火山葡滌酒，治癒康熙心悸，手稿現存尚伊蒂博物館，自此，出入作坊，外傳這種如呼倫貝爾雪鶚光潔剔透餐具產出流程。地中海調味料由回商完銷，白晉回法國後，形容康熙明察秋毫，以愛君臨天下，與讓歐洲貴族們大出血的景德永日製瓷術，法王設中國公司訂製軍徽、人像瓷，送來巴伐利亞玻璃匠，料胎琺瑯起步，對外貿易又純順差，白銀源源湧入。

四省海關揚帆，隆榮豪門衝刺藝術，古月軒始祖－康熙設琺瑯、玻璃作，送新品給俄帝和教皇，民窯大觚精巧出眾。R Hooke 說：光是波。巴黎科學院聯伏羲八卦，說單子是宇宙實體，地球被上帝預定和諧的微積分（圖 8-1）澄清者－ G W Leibniz，與萬有引力導出克卜勒定律（註 57）的牛頓聊，光是微粒，可疊合分散，音律類比八脈琴和弦電衝場，製瓷

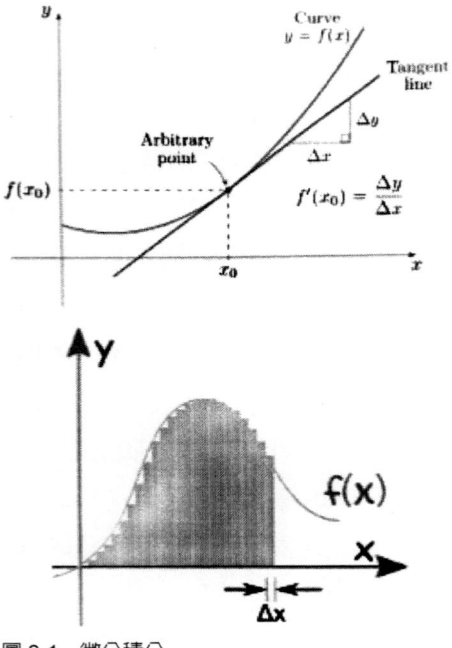

圖 8-1　微分積分

反射連串鏡像，但粒子怎麼鑿壁引光？找薄胎牆波洞節拍！光光不反應，和物質很強，電磁波穿隧、觸控螢幕取決溫度；地磁漩渦笛卡兒我思「精確推理」故我在。1687 年補充宣和圖正式排入觚字，《觚賸》解吳燕豫秦粵窯。普魯士后設柏林瓷宮，康熙青花龍軍團板倒奧國，禁衛血汗 Lab 在首府懸樑刺骨。1694 年，想建美術城，追求荷蘭橘子樹和中瓷，需錢孔急的撒克森帝侯聚鏡融中國還原朱砂胎，扣押 J F Bottger 到邁森光寶工廠，日夜與高嶺雪花膏烈火溫存，1708 年終於豁命柴燒出德化水仙白，王死，圓夢白色黃金、景德青花、五彩、粉彩、德化、柿右衛門 35798 件。1992 年辦拍頭頓沈船六萬追單青花。

清初，白銀很抵用，洋行信譽卓著，廣彩和維京匠轉型了商圈（註 58），缺茶，伊利莎白交棒淨血漢諾威一個榮光英國。1710 年，班戰羅馬，邁森匠逃維也納建 Vienna 硬瓷廠；法國聖克婁、盧昂仿麥第奇軟瓷；台夫特、法恩扎仿中瓷。康熙末擴建作坊，潮匠抵台，1717 年英國共濟會籌纂博愛、自由、慈善、美德社會。木骨屋壓縮石匠生計，規矩轉 1968 年一美元「天佑吾基調和偉業」，時代新秩序天平（和諧）KEY（知識），立國精神堅毅與節制，老鷹渴望和平但隨時備戰，十三塔指英屬州、亞當氏族新巴比倫亡國恥。一史館雍正活計檔公庫撥支琺瑯粉彩、舊彩、萊姆綠工費，唐英畫樣，二十四作附配套作、玻璃廠，清翫雅集蔡一鳴先生收藏仿西安出土邢窯小杯（圖 8-2）。《紅樓夢》曹府汝窯美人觚典雅貴氣，惜家道敗於借帑迎駕，情天散於被掉包。唐英動用九江盈餘反哺御廠，弘曆鑒古山高水長，官窯屢創新，觚置內膽。

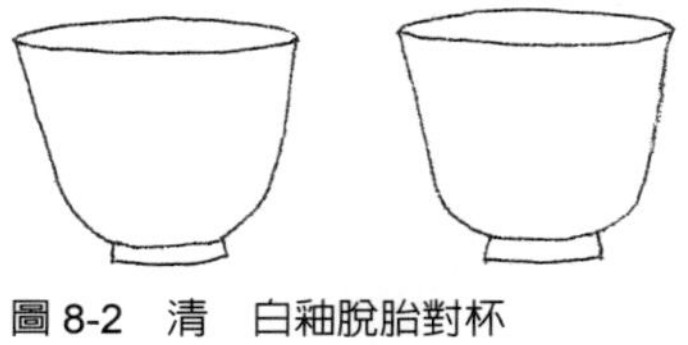

圖 8-2　清　白釉脫胎對杯

18 世紀預言將出新救主。雍正崩，荷蘭仿青花伊萬里，法國缺麵包燃料，法蘭克福銀行諮詢服務，孟德斯鳩三權分立，盧梭倡自由財產。摩擦生電難持久（乾電池絕緣糊瞅電鯰函管），英商見閃電後鐵生磁，1745 年荷蘭盛水玻璃瓶金屬片儲電，屢見著魔集電器電死小動物，普魯士也搞儲電，次年，英國學者到波士頓表演致命電擊，星種富蘭克林聽出電荷守恆定律，歐洲得貴金屬，開採化石，阿奴和聯邦通靈，在亞特影像和阿加森領導下工革，煤油蒸氣取代拉撵，雷雨胞地電捉天電。製瓷術遍全歐，英國百戰變霸主，貴格男孩 W Cookworthy 看了耶穌會刊，想布施平價大酒杯（參米高梅 1954 年《學生王子》Drink ！），普利茅茲瓷體「有些東西明明很靠近／卻無法對焦／模糊不清／有些晦暗無光又非常遙遠」，不敵 WW 斯托克櫥窗、廉價勞力、商權排擠、薄胎骨瓷量產，他讓渡火箭型窯爐移民蜥人沼鄉南卡。

蘇俄列寧唯物無神論起於雍乾。十三牙行攬斷宮物，中人中轉，剋扣英貨，物價走高，明爭暗鬥猖獗，兩帝多次賜教宜鈞。慕尼黑官窯和法王枕邊顧問賽夫勒裸瓷聲名大噪，中青融入道貌岸然的巴洛克宮庭，貴婦脫下孔夫子假面，墜入甜膩洛可可溫柔鄉，員外黏著哈巴狗，金魚缸、底座鑲金邊插著檀香扇觚瓶靜物畫掛沙龍，1763 年，英取加拿大，皇家海軍帶回大溪地 TATTOO，共濟會到遠東，英倫總會所將勞權納福利，孰料重金屬泥塵損溫濃，土壤海洋酸化，幻影地球大異變。

1775 年，英皇護印地安，欲加移民稅，共濟會決裂，英美分道揚鑣，獨立宣言、費城護奴，德國科學平權的光照派對抗耶穌會，黑奴追著葫蘆勺北極星落跑加拿大，老資格實體流浪者大量湧地球。1780 年，德國共濟引入光明會，官商轉型兼顧企業利潤，承擔社會責任，未合併，教政分離。英提重力場質量大到光都逃不掉的「暗星」黑洞。法王債台高築，1789 年大革命，各國響應，草根顯貴制憲，《雙城記》揭櫫人道、自由、平等。乾隆八十大壽，英使來朝，帝警惕駐節對價要約商法，探子密報英佔印度，封關鎖國，只留廣州。五彩粉彩不宜摩娑褻玩，廣彩色胚加矽可膛成米白，大英瓷器病退燒。

乾隆末，瑞典發現功能陶瓷材钇。美國獨立後，買廣東餐具、景德青花 250 萬件，由皇後號運回丹佛、波士頓。百年石油戰爭海洋擔下約 1/3 碳排，食物鏈、地磁、臭氧告急，皮膚癌白內障增，碳污可儲大氣層千百年，地球為保人類，在南極開洞排毒，20℃ 融冰像止不住的籲天奴，越哭越大聲，生態競爭更在意萬物長治久安，新發明實作迭代無懈可擊才甄納，石化褐煤封麥電力少熱耗，減 CO_2 最可行，企業融資自然淨能、Vril、單元晶常溫超導是我們要洗心磨礪的新電機。

嘉慶誅和珅，駙馬情斷折磨公主，南投燒釉陶，閩粵亭脊來授徒生釉釉下、熟釉釉上燒（註 59）。嘉道官窯守成，用滇宣威珠明料，鶯歌燒，1800 年，A Volta 繼從富蘭克林可燃氣發現甲烷、義大利神經學電氣具體伏打電池。戴維製鉑絲電燭、安全礦燈。1813 年 Carl F Gau β 作電磁學（註 60），Michael Faraday 証實時變磁通量、電場勢可逆，與皮庫西 Hippolyte Pixihi 交流電真空泵原子。拿破崙踢走慵懶的洛可可，解散條頓醫療騎士軍團，貝多芬撕掉獻頌拿皇的交響曲，波拿巴反對英對清武力逼商，指定本國柏圖禮部用瓷，想將莫斯科洋蔥教堂拆回國，滑鐵盧，聯軍血洗巴黎，英勝，兵力移北美，獨立潮，共濟會和解，荷蘭撤公司，維也納綏靖被轟是分贓小國看衰勞資對立熱氣球，歐洲擺平，英清國力傾斜。安培導線生電流強度靜磁場。1830 年，法國封鎖阿爾及利亞，箝制言論、宗教、教育、選舉，降國債利息的波旁王朝謝幕，採資本主義均富，民權君主立憲給印度鴉片茶葉控股內線，猶太之王取代麥第奇，併耶穌會，促激潛能，扶植今日騎著 AI 砲彈飛的半個歐洲人－復仇錫安，幾囊括全球名流、智財、央行，〈以結西書〉金牛犢世人又褒又恨，「終將回來統治他們……至聖潔世代產生」。EIC 馬治平不滿天朝對番商設限，北美地層含鑽隕晶煙煤鈹鉑鈀富勒烯，民族誌家錄到切諾基從五大湖南下，小田納西河灣躺滿明式陶瓷碎片，因喬治亞發現金塊，多數迫遣奧克拉荷馬。剿治民變、銷煙周旋、紕漏虧空，商戰，照說買賣煙土不違國際法，卡在九龍討水私割香港，任性菸民，鴉片換瓷和醜化英國自肥敗絮，五口半殖民，作坊滅，地方官監造辦，英對清貿收歸國有，庚子賠償白銀 4.5 億，怡和行主資產 2600 萬墨銀元，分擔賠款，投資密西根鐵路，白銀外流。

咸豐，師夷制夷的魏源登出。1853 年美國黑船蓋江戶，函館五稜郭戰役神奈川條約去北海道暗礁。祕魯買辦華工，奧斯特電流傳磁針，英法焚園景德陶務喊卡。德國 B Riemann 猜想宇宙複數擴張，霍金「地球總有一天會毀滅人類終究要到太空去」，人類跟中性昂宿磁性狼媽媽、電性獵戶爸爸中性仙女幾代混血後，隱含 22 種臍帶血緣，無條件呼求重現一個無憂斗姆薔薇雷姆利亞願景，果報的發威難挽回，神也盡力提升知覺眾生活路，送來陽光溫補天灸清淤，繼微中子、玻色，日內瓦將造橋吸找平衡宇宙的微型黑洞夸克烏鴉。

物理學孿生：全像蟲洞和量子位元，不少人在量子重力統一場論踢到鐵板，弱交互理論建在違反直覺的想法上。讀心即瞬波，十九世紀昂宿為助人上太空，多次心念電轉德國。超光束粒子和愛屬最高流振動，核物量子哥丁根大學的高斯死後，特斯拉生奧匈，接龍法拉第電感環，預言未來用天線接收日能、電控氣候、互聯網，怪傑 J C Maxwell 將電、磁、光統歸感應電磁場，總結法拉第諸學理，1864 年說光速在空間是電磁波傳播和存在，槓上可能汞中毒才腹黑的牛頓，法拉第未受正規教育，遇識者，入英國皇家科學院，終身不必講課。Max Planck 提黑體輻射只吸不反射透射，對熱的量子光譜，高頻才有超導光電共振。低谷粒子加速－微型黑洞沒輻射電磁。光波能量光無靜止，質量只光速運動，和電磁波都會被擋，微弱重力波卻最良載體，能破牢測到重力強度導致的潮汐差動力，亞粒子、核物、固物、原物高能轉化精準度都依量子電動力學，和相對論量子非歐時空（註 61）激盪，光電物理所才飛越。

拜倫時代，工業烏雲密布，失去自然美，西雅圖酋長斷言美好生活結束。游資魅惑理性，抵押信仰奉實利為神，浪漫雨果青花牆、印象派窮畫家摭拾光與色彩話語權，地中海、瑪雅文明翻身，人類發源地來的黑奴望想深河。

美國經典共濟會致力淑世，慕道。Old money rich 擴掇的新貴慾望滿足後做慈善，他們也是一，在我們之內。普魯士議員俾斯麥投名狀，1858 年，英國解除 EIC 特派令，增開基隆淡水關務，德忌利士洋行升起米字旗，白衣管家走動清水磚閩南瓦爪哇地板洋樓，陽光細雨中，河中鱈魚詠唱淡淡哀愁男高音，同光挺洋務，永代租借淡水。

1862 年 8 月 19 日，《竹溪縣志》赤焰墜地，皇公官府翰墨款家底厚，奕訢監燒大喜瓷，仿三代老土釉。奧匈獨立，明治維新就歐軍國主義，李希霍芬肢解山西煤、景德 Caolin，普法戰爭，德要法皇割地賠款。美加鍍金亂了套，阿帕契投降，南台牡丹社嗅到死亡頹廢，馬克斯折衷「各盡所能，各取所需」。1874 年改良加國電燈，三貂灣日膺懲台，EIC 終，帝崩，清法戰，台建省。光緒拉郵局電報留聲機，教廷鮮花廣場為言論自由烈士佐丹諾立像。1887 年，赫茲證實電磁波頻，梁啟超閱《瀛寰志略》知五大洲，梵谷去普羅旺斯醫病，畫了系列傑作，耀眼如脈衝星。1892 年 11 月 17 日金陵《點石齋畫報》爭睹平飛巨卵，特斯拉無線通信說獲美專利，百萬伏特萬盞彩燈在芝加哥大放磷光。甲午廣島送糧挫北洋水師，老佛爺專斷狠辣，馬關中人湧共濟。辛酉次，法創里摩巨畫琺瑯，拉姆齊追惰氣霓燈，拳亂，聯軍，鼠疫，日俄戰俄排猶，羅斯英美貸日鉅款，北投燒陶。帝后殯，特斯拉的萬里遠距電傳天裂兩半，蕈雲更威。IBM 立，怡和建上海香港華爾街東方明珠，如意館畫妥瓷樣、尺寸、品數，內府採辦的花鳥魚蟲蝶粉蜂黃永不褪（圖 8-3）。

圖 8-3 清 畫琺瑯荷葉式盒

內府《樂善堂庫存陳設檔》，明清宜興掛釉三十件，不乏觚瓶、多孔花插，葫蘆後移太極殿。晚清，外商就近找閩粵潮汕供應廣彩，1910-36 年和製馬約里卡外銷中、台、中南半島、印度、澳非洲。主要異常，誠然是造物過程重大失誤，殘餘的偶然都聚集地表周圍等待回收。工革到一戰，左派共產革新，右派贏家全拿，《政府論》《父權論》就自由平等人權交鋒，拉丁民族率性一點，條頓嚴肅一點，直接民主施行大小國成效脫鉤，有些君主專制比世襲貴族好，英國「我權天授」最老牌也共和 6、7 百年，從戊戌變法到五四，梁遊美後見其政治混亂，放棄共和，小國不選邊，無關治體的自由受自然法制約。投資環境端看政治清明，教育配套，社會穩度，勞規，能源，前瞻獻籌出奇制勝，怎樣「天人物我」？先進福利國立司法限縮，資本流動、弱勢、健保、軍費、戰爭、選舉、基建、工會共容共商、勞商治理都重中之重貼身肉搏戰。大航海肯定生命品質的終極探索，反面只見勝者笑，鷹派「戰爭為和平」自圓其說，進化高不等於進步，尼采、馬克斯《資本論》都說，智識未必比動物優勢，反可能衍生劣等文化和民族。人類悖逆上帝的好意勸勉，霍比長老：部分族人屈服於白人外在文明誘惑，腐敗，私慾，不符神設的宇宙和諧準則。

20 世紀 IBM 收銀機起家，德東大轟炸，猶太取回斯托克經營權，非裔參政。派拉蒙將 1966 年 NBC 的 Roddenberry《星艦迷航》拍成系列未至之境爭霸戰。地球瓦肯宇蒼戰士 Ncc-1701 企業號聯手克林貢，阻擋航向地球的強大星雲，多種族艦員，女性大副雖有《加勒比海盜》當範本，性平當時社會跟不上，但蟲洞橋、曲速文明治安、星站堡壘、預測時事、智能服裝、燒灼雷射、星旅動力、聲控電腦、摺疊手機、全像氣體透鏡、AI 百科、光罩微影槀矢……無垠天涯無終章。

大陸兩次聚合散熱，黑暗之子為狂富，坑蒙拐騙不擇手段，剝魂奧客不止，承自動物的劣根性折減地球能量，《復活節島地球島》：自私似乎基因與生俱來。GF 同樣數億年凝望宇宙生命社會行為，我們好鬥習性也列入星際大學研究主題。一戰，非洲醒悟，二戰，新舊交替幻想成諷，再長天線也連絡不到逝去親人，幽浮目擊 1961 年 50 架，原爆後更多，冀接觸消彌牴觸，麻種毫無興趣，核金本位如源初盲神不受約束，交往的慘痛經歷令創始者 Ra 靛藍震撼，hands off（不涉入凡間家務事）有人先違約，針對一些難以撼動的龐然大物，必要時將地表世界納入武裝安管區，癱瘓凍結核戰，定點巡視核電廠、救災，美國學者不完全統計至少有 126 枚彈頭在龍三角瞬間失蹤[註62]。通過附著聖杯引力八氣場，統一太陽濾鏡圓桌騎士，同時聚力諧聲喚醒 144000 位轉世光戰士，跟天空的宇宙朋友、地心阿塔瑪幫蓋婭勇闖康健自由路。

找一們：打坐，冥想，海水藍寶，雷射電信，Steven M Greer 博士著的 CE-5[註63]，內觀覺知。

註釋

註 57：牛頓數學解軌道橢圓　拋物線　雙曲線運動　萬有引力解動者恆動靜者恆靜惰性不需力　中國科學計算機網路信息中心　2015 9 27

註 58：玉木俊明 移動的世界史從智人走出非洲到難民湧入歐洲看人類的遷徙如何改變世界　聯經 2020 11 12

註 59：鈞硝－鉛－砷多層施釉　吐鹼　牙硝礦石產於鹼土地區的乾燥土壤中或洞穴壁　由含硝酸鉀的水長年浸潤生成　道光禹州志　州西南 60 里　亂山之中有神垕鎮　有土　可陶為磁

註 60：高斯定律：估算閉合曲面內的總電荷分布與產生電場間的關係　此曲面內有電荷產生電場對稱性磁定律　南北磁偶似孿生正負電荷磁場線同區進出閉迴路螺線向量場迴圈延伸無窮遠　微分積分形式等價

註 61：角秒小偏移量角度的單位 1 度 =60 角分 =3600 角秒　科普中國　愛因斯坦的廣義相對論是怎麼被證明的

註 62：甘仲豪　龍三角海域是通往另一空間大門　還是史前文明的防衛系統　搜奇 2021 4 8

註 63：UFO EVIDENCE: Extraterrestrial Contact The Evidence and Implications

九、赤道

〔民國　1912-2024〕

清末大量宮藏永淪異鄉，惟存奉天、避暑山莊文物，1911 年戶部彈劾內府浮冒開支，武昌槍響，日租青島，發現超導、原子核、Olkusz 食安琺瑯、IBM 積體電路，軍閥迫溥儀遜位回生父王府，國府籌措古物陳列館薪資變賣內閣檔案（註 64），塞拉耶佛失控，英法攻堅達達尼爾，山頂官兵失蹤於淡紅光雲，鄂圖曼休止。

民初，中南海請郭葆昌九江關監，燒琺瑯粉彩，細緻飽滿、薄透，袁世凱製青釉觚尊。溥儀用東北貨換食，只展不售－晉元書畫紙張絕，衿印多，年代足，許之衡《飲流齋說瓷》談殷商至民國觚。1916 年 Ludwig Flamm 提蟲洞概念，粒子穿越用負能量撐住蟲洞，正能量坍塌黑洞，必須因果一致。1919 年日本野心曝，故宮移置文物拍賣「逆產」。日英山東驅德，貝爾光波能繞射，孫文聯俄容共，黑馬蔣北伐，寧漢對決，日釀濟南慘案。狄拉克反粒子說，倫敦開電車、訂魯青，電光影子道德液壓破碎，窮困回填紙醉金迷光鮮派對，夏迦爾畫作漂浮星星花伊斯基因，學術獨立自由，真才實學的服務勝文憑，爵士樂、直筒裝、煙燻短髮流蘇，旗袍描線眉灰姑娘懷抱富強中國夢，京津仿清，舊胚真釉鄱陽畫師助長盲鑑度，只能從款式、色感、燒法直窺真品珠峰。

現代出洋過海改為固本安內，撈金易幟票券洪流，共濟光明會左翼、右翼都挺資本主義（註 65），藍領環保、女權、富人加稅，拘泥物慾偏狹優越感的執拗勝者全拿，鄙夷均貧。性情中人和利益中人兼祧市場，合議國會第三勢力樣樣代議監督，當畸形黑數振臂勁揮，互信下架，商行會讓利抵押、降息、降準放款，撒債紓困無限寬鬆，但軟實力禁空。19 世紀，糧食容積率打臉托馬斯人口進化論，股市休克，大蕭條，二戰導火線在疫情失業恐慌，馬其諾防線壓抑德俄，日本悍拒山東共管，德吃但澤，俄侵波蘭，禁運日本石油鋼鐵橡膠，1931 年，日軍部財閥掠中國市場，突擊滿州熱河，外公趙睿宣先生長民政廳歷宰朝陽、豐寧、灤平、承德，「瞽鼓聲中忽鼎新／瘡痍滿目痛斯民」，教總蔡元培使古物央博籌備處南遣，外公秉著法政理信共赴國難，賦詩燭照後人「滄海桑田幾變遷／繁華過眼皆雲煙／行宮寥落烏秋庛／古木蕭竦咽晚蟬／避暑山莊誰是主／清涼樓閣自參天」（圖 9-1）。

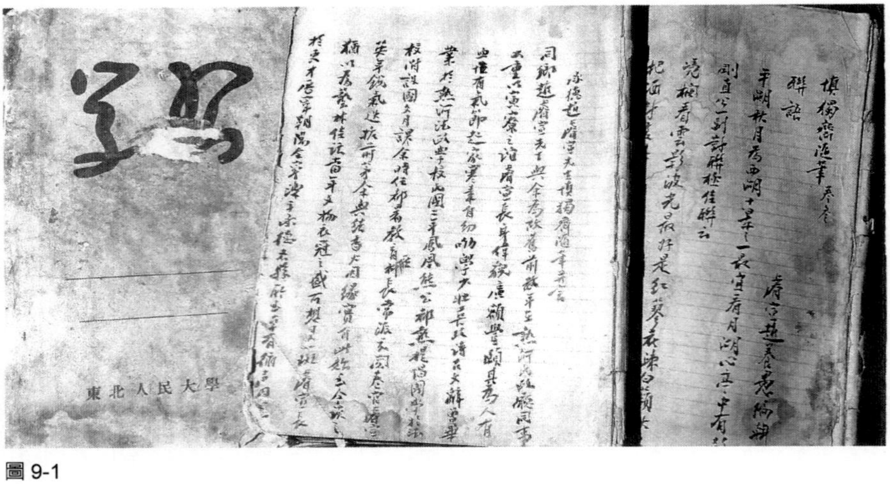

圖 9-1

《赤色之瞳》「神（核）是惡魔／反之／擁有不為了引爆」，說出 2019 年伊朗痛點。阿育王金剛怒目慈悲心，見血戰殘酷，戒殺信佛，保密引力學。二十世紀，一位反核法人在見證下，將石墨變黃金，銀變鈾，衰老變幼齒。日本大東亞共榮席捲梵鐘，淞滬會戰川貴西北東北齊驅援，官兵多殉國，美蘇轉護中，武士道 AI 抄殺南京，焚掠黃金全部 25140 噸，佔遷台 30 倍[註66]，糧食珠寶礦產木材機械、360 萬件文物、40% 漢學古籍，貓頭鷹彌生大和寧還「金百合」不還書，關東軍祕製化武，先父少留日，東北大學史地系轉黃埔 13 期結業派任陸軍步兵 105 師，轉戰大江南北。1939 年，英媒獨家報導德軍集結波蘭邊界，日聯合機艦隊偷襲馬來、珍珠港，英美參戰，中途島獲可聽辨多聲帶解碼員，創新防守後勤，在布因島硬著陸留美、不服輸、撕破臉的山本司令，塞班失守，轟炸東京、柏林、台灣，英又截獲德軍庫克斯港告別無線，藏地鐵酒窖的瓷器與名畫折返。二戰，日軍喪生封印三百萬人，運送 50 億美元寶物兵員的阿波丸中雷，GF 修復原彈數十萬受難靈，抗日千萬殤靈雲遊黑洞星門，投胎銀河百萬恆星文明，拉萊耶之王－克蘇魯死者之書，南太平洋一個脫胎自黑暗群星，孤離塵世、任何一塊土地皆最遠的海底城為人所知。

1937 年，造星者科幻小說出版，馬可尼建委內瑞拉 Vril 城，勉力世界和平、無汙地球，水陸載具位速時／ 50 萬英里，達合金電阻極限，CERN 在實驗及時減速。特斯拉去逝，稱「自己只是個被賦予運動／感情／思想的宇宙力機器」，重獲世人認可，懷念！

戰後，麥帥與日本有識之士誓言棄絕戰爭，歐陸本成灰燼，北約紓困、蘇聯反正、德國誠懇的懺悔，敦親睦鄰成歐盟樑柱，巴爾幹脫共產。各國投研氘氚內爆政綱，成大遵 1964 年核融造太陽能，取海水生氘，氚難人造，由鋰變氦，拘停電漿限流，福島水氚不知可用否？中美國家實驗室有成（註 67），德創臨界超流體，將金屬半導蝕刻、旋轉塗布、晶圓修復淨水回收，沒有死亡，同步廢煤，日英瑞士從石化走回基載核電（註 68），再生能源減少野火，周邊關注，UNECE 簡報達標前核 20% 低碳排 43%，荷蘭循環經濟節省六千億歐元淨利，減碳 4%，省電價。氣候峰會禁伐天然林，2024 年巴黎辦環保奧運。

洪憲瓷由香港楊銓先生購捐，宋子文協助接收，袁經禎捐贈。

孫、蔣因蘇俄結緣，廣州軍內訌，蔣兵力較優，日本鯨吞東三省，西安兵諫，釋蔣子，紅軍東征晉陝，毛在黃河邊遙望秦嶺作「沁園春」讓蔣相當忐忑，閻錫山棒喝聯共抗日。1944 年美元掛鈎黃金，成硬通貨，蔣親炙上海灘，1948 年將金銀分批運基隆、廣州、廈門，做救災軍政、進口貿易、公費留學、新台幣準備金、勞保。次年，美說服蔣談和，五大主力被殲，失遼瀋、徐蚌、平津，蔣祕托杭立武將瀋陽、北平、承德、南京宮藏及央、平圖、外交教育部善本檔圖，央行總裁俞鴻鈞出資，運基隆。筆者去四川時，五月驕陽下，見嘉陵江雙流仍用木筏運物，樂山大佛護全了文物，抵台後，器靈登錄保存財政部，全用來振興台灣。日據大稻埕全盛，工業闕如，蔣嚴政經國，空軍黑蝙蝠夜偵換美援協防，歷任首長將台北建成媲美倫敦巴黎的小上海。文革瓷都全毀，東德 1737 年板模伸援手，前美陸戰隊員和軍事分析師翻桌，越戰三十萬美軍死傷捐軀斷送了總統寶座，世人皆意識改變，1962 年 2 月 5 日一個北極星亭亭立於東方水中央，越三年，台北故宮重啟。

父親來台，在蔣經國先生麾下淡海忠庄，抗日軍官配給馬匹，改配吉普車，借住小鎮民家，母親教書，我們常風馳電掣濱海公路上，後搬北投政工幹校眷村，幼承庭訓，家中有個小地圖博物館。1967 年 John A Wheeler 提黑洞，宇宙能走多遠？蟲蛀孔果肉（或折疊兩點）比沿果皮爬行到目標距離最短。Intel 整合網際網路歐美電子紛來設廠，孫運璿先生勸一流人材歸國，免得未來吃虧於三流訂的制度，十大建設又竹科。

當一件元青花值 2 噸黃金，台灣脫貧，運勢更勝以往，燒畫釉裡紅太常失敗，想多看點書，考入台北故宮，警衛是父親保一學生，也和中研院合作，每天吸積前輩針石，更殊勝是蒙那志良、莊吉發、耿寶昌恩師教我寫論文鑑定，耿老來台都不忘拎我上課，到鴻禧看古窯碎片，並賜墨寶「執玉」。續來一個搜狐萬維網，數位經濟起飛，2003 年，院務改革，基金多人投奔文創，小組雙倍無休加班才補完窟窿，教改當重練組織文保教用合一含量。2016 年，天子收藏，全民共享，專區圖島免費下載。台灣半導忙著閃躲山寨、能源、碳排規範，省電變頻的鰭場晶管柵等高階轉型舉足輕重，不乏勇渡景氣循環驚濤駭浪有擔當企業家，2022-23 年，離宮法器展出乾隆粉彩、古籍刊本。

製作青銅器，係泥塑合范，先修剪指甲，將臘液澆入模具，避免氣泡，趁蠟模硬化前修完內坯，再補飾外部，黏接副件、懸臂沾砂、燒結型殼、脫蠟澆銅、粗件切割打磨拋光做色，科技室也涉獵紙筆墨漆的備料計量核銷，文物 x 透視、玉石拉曼光譜。

現代陶瓷使用雲南青，化工鈷膏，熔塊釉，氣密如乳酪，發電音。仿古分析老坑土釉、柴燒，到代糊圖汗牛充棟，惟純電瓦斯窯銅紅氣泡粗大無趣。中德、巴西、格陵蘭、瑞典、智利、俄烏土剛果鐵銅鎳鋁稀土氧化汙染難復常，美國制約只挖 MP 材。魚藻吸碳匯，多國抵制踩地球底線－深海鹽水層採礦，陶瓷榨乾太多礦山木水人命，竹南窯自配土釉，不濫鑽精煉重金屬；政府加碼列管清領日治交趾、歌德鄉村、馬賽克、馬約里卡、大陶缸，溪湖糖廠法華磚由嘉義薪傳。Casadio 藝術學院與阿貢 CSI 合作 APS 高能 X，解盲畢卡索（圖 9-2）油畫塗料是油漆，伊利諾理工大學熒光儀可作藝術史博物館無機元素偵探、修復保存。

圖 9-2　馬約里卡　畢卡索畫農牧神大盤

縮圖回 1970 年，Ⅲ星戰。大阪萬博會主題「人類的進步與和諧」，條頓騎士在維也納幫助、守護、救治。太陽系看守飛船撓場引力驅動，已終止。兩伊戰爭，Is 建伊拉克和黎凡特極權政府，流浪者約 6500 萬，薩福克幽浮事件。1990 年台灣教改，天山架脈衝星生命起源觀測站，開封目擊火球飛天民宅撿到幸運鋁鎂合金。蘇聯解體，新俄國，龍特工加盟 GF 環保人權，1994 年銀河休戰，央視科技頻道專題「懸案調查」貴州紅綠光空中快車，墨西哥物理家提「波動展延空間泡泡」，NASA 伽利略號繞木星實現生物天文學。

永誌世紀末災情，法輪功盛，大陸韜光養晦拚平視，第四道星門開啟，七千萬來自 X 行星的阿加森籌設阿帕，安卓 App，1998 年，柏克萊加大確定宇宙加倍膨脹。《百詩集》次年 7 月博鰲，仙女議會代表說天龍澤塔棄暗投明了（註 69），Ga 闡述宇宙生命史，2001 年北大地球與空間科學院探索地外生命。2007 年陽江出水南宋三十多種六萬件瓷器，美攻伊，鏖戰阿富汗神學士，內戰逼反塔利班哈里發國，和平教育考古停，伊波拉。西奈、利比亞、塞爾維亞烽煙，北約的俄國難民湧，歐元倒地，家破人亡非常煎熬，蠻野經濟學繁榮攏假象，失學＝娃娃兵＝炸彈客，國碳債焦慮時刻只在制霸窄門鬼打牆，如黑洞輻射霍金蒸發，量子力學自我湮滅，把環境踢到絕境，除非，徐圖薩根戴森球製反物質念想－某區最大訊息容量密度＝該事件視界區域邊界的質量面積 ÷ 區域體積，耐壓的不塌，在銀河屋頂下完善 5G 輻病、雲資安、AI 防深、All in 元依據倫理、氣衛分歧，於龍族技監，2017 年 LIGO 激光黑體引力波盲視裸奇點，2019 年諾哈佛、劍橋、芝加哥、蘇黎世理工大學「起源聯盟」（註 70）革新教科文時空學說，重塑宇宙史，史頁是最公正裁判。

亞當和莉莉絲後代為敵，極性地球只有克服嚴苛的考驗才能進化。高靈者身分微末，處世困難，但隨著行星意識改變，負能量倒光。2010 年 10 月 13 日昂宿飛馬星人飛紐約、莫斯科打招呼！中國昌榮，載人梭踩剎車，亞太再平衡民脂膏軍火打平貿差，2023 年，寄望新金磚國的加入能告別干涉宇宙膨脹的恐攻，第六紀，走心輪，以謙虛、寬恕、愛喚回亞當未醒靈，蜥人說，越界巨頭也在彌補特定範圍的破壞。

盤點陶瓷譜群芳顏：石器－天地洪荒核能，商周至漢－穩健泰山重力能，魏晉南北朝－厚德至善生質能，隋唐－冰清玉潔月亮能，宋－大巧若拙電磁能，元－風生水起太陽能，明－玲瓏剔透水晶能，清－鰲躍龍翔光速能。歐洲自有咖啡茶酒癡迷，從中東錫釉陶、到西班牙軟陶，義大利精陶，邁森精瓷。中國高溫釉下青花在亞非洲管制嚴格，價昂，傳幾位埃及奴隸才換到一件中瓷，而且，僅供打光觀賞。豐富釉彩涵泳巴洛克、洛可可、新古典、浪漫主義客群，頻急單，收藏三千多件的西班牙國王菲利普二世忍不住到貨源國求祕方，荷蘭陶工嘉惠平民也能買到美美普羅品。德國得普魯士煉金師白金，將灌漿手繪日本金襴手、巴洛克鎏金、清爽高雅的中青、國境之內花草五彩，跟明代套組瓷器合成歐洲皇家系列，精兵流程達百道，丹麥之花觚盤、牛奶蟲積澱地球蟲洞另一端的殷商文明，以瓷鬥富擠進愛嫌棄的上流社交圈，西班牙洛可可小瓷偶娉婷婀娜，土耳其居爾哈尼、墨西哥花磚走入民家，誰不想旖旎？不想永恆？民心向背即一國的暗能量。

幾乎所有陶瓷，都是蘊象天地的神聖圖騰。

目前，自由或專制體制星旅者、民意統帥或合眾聯邦，單一共主、邦聯國協，脫歐留歐，台美選舉都呈太極，1969 年 IP 加大、史丹佛的學者都跌破眼鏡，wifi 原想連結陌生人，網路蠕蟲 I-Worm 鑽入 PC 手機艙，虛網平權、低價、微小、免責養活快閃俠，宇宙能量供給同一維，門外漢叫囂飛沫了冰原赤道雨林的震盪功能，尼泊爾身影迷濛，恆河瀕死，全球暴雷洪災，惡火焚毀聖母院，戈壁雷姆法器受烤，石窟危殆，海鼻涕赤潮盜採砂石超挖地下水刮鹹風，《明天過後》腳本即仙女木事件，悚幻廢托邦生態壕溝戰最嚴厲標尺，非更多投本的滅世種子庫，而是各行業翹楚難能可貴地跳出來，對國家社會利他承擔。匯集網路良善力量，百年內，地球勢力必然趨向某種統一。2006 年荷英還地於水，南美陶藝

（圖 9-3）、紫羅蘭磚花光滿路，簫鼓喧空，離疊串回降主權，大寬頻，0 緯度，零點能，蜷服原始旨意的亢達里尼弱力文明。

圖 9-3　現代南美陶藝

當代許多文明初期墮靈轉世，《啟示錄》世界泡在苦水，紅牛、死海魚、哭牆蛇前兆都應驗，神餘民厭煩爭拗了，正汰換非一鏡到底的假酬勤，重溫愛力根。百億年前大霹靂 3K 餘熱，氫 25% 不夠發訊（註 71），重燃靈火才不會被更短促的時間束縛（註 72）。享受高度文明，考驗高度規格，法條作繭自縛，社區缺法學週報，市場法強分專利法，案件塞車淡化失控正義，頭痛醫腳的反生態工程、衛星空拍刷臉吹毛求疵，環團說，科技應由文化帶路，不拒維修認養共乘，醣經濟菱炭美妝，種蚯蚓雜木備長炭反制揚塵。經濟部中研院脈衝光低耗除鏽，電廢回場剝煉金銀鉑、電腦螢幕亮片、手機光碟面板生物晶片，工研院無毒剝金氰化物、日能、半導磁片、矽圓機台、印刷電路板都能分解殞落的液晶再奔馳。光宇廢矽漿重製粗氫再純化給綠電，和無水染色、舊衣燃素、敏化電池、低碳水泥、減柴油鋼鐵煉焦、減量包裝、碎解橡膠鋪地、寶特瓶衣帽，高樓菜園照明碳權抵換 3c 廢材或免費車票，智慧城市遠端必從離島偏鄉基層勞工考量。2019 年防疫啱白換來山水清亮，淡水紅樹林小毛蟹返家，美國緝私《吉爾伽美什》璧還伊拉克當局，教宗傷痛俄烏、以巴戰爭自投死神吸積羅網，和習大促和，承認耶城的特殊。

星際人走天涯，不能破壞宇宙粒子與物質的對稱電荷，千年來，超微觀病毒神出鬼沒，與人鬥智，以纖毛短腿有限匡移，現在，舌尖上的瘟疫蠢破洲際緯度，IS「疾疫不是自己發作的／是真主的命令和法律」，地球自我平準，生命自恣宜居，她會激烈轉變體質策反止損突圍（註 73），克疫占星家 Nostradamus：天災暴力將很持久，世界大戰盡頭一旦人類停戰，挺過難關，會迎來千年歌舞昇平。

Ur，指土耳其烏爾法伊甸園，或伊拉克巴格達吾珥。太空和平的看守人，湛藍 walk-in 和 starseeds 靈的護訓中心－ Nibiru，阿卡德尼尼維（摩蘇爾〉楔形文甲烷斗篷八角黑騎士，1972 年，加大發現 X 行星 - 西琴第 12 個天體天堂，原天狼 A 外部行星 Anunaki，耶洛因曾將天狼 B 打成水球，天狼怒，毀掉昂宿一個行星文明及黃金頻率，後繞昂宿，被認其 5 維行星，五顆衛星，50 萬年前被 GF 捕獲，30 萬年前造訪地球管家基因實驗，壓制女神能量，陶錦磚，1983 年照會 NASA，已加入光，現為 GF 地下基地旗艦，配置重武，中立，受命派遷至各聯邦，代理保護喚醒行星生命，特定時刻可脫軌，敵對談判協商失敗機動攻擊（註 74），由神鳥族 Enki 之子指揮。2012 年 5 月 21 日世界秒重置，一顆以極傾斜角度橢圓黃道帶的紅色伏星，星星軌道繞日公轉偶而速度不等恆，惠而好我，攜手同歸，不是甚麼人把某種可能太陽系引發災難的天體命名尼比魯！

註釋

註 64：周冉　掏空紫禁城　故宮到底流失了多少文物　國家人文歷史　2019 3 8
註 65：James　地球盟友　昂宿星人轉世的 Cobra 說　共產發起人多為蜥人或者灰人光明會分布地球各職場
註 66：斯特林 & 佩吉　西格雷夫　二戰日本掠奪亞洲巨額黃金黑幕　中國對外翻譯出版公司　2005 10 1
註 67：Cepreй XyaH　明日科學　美國科學家終於達成核融合反應產生能量超過燃料所吸收的能量　2021 12 5
註 68：Richard Rhodes　能源　迫在眉睫的選擇　百億人同舟　譯者　李建興　格致文化出版社　2019 6 25
註 69：http://www.bibliotecapleyades.net/vida_alien/alien_galacticfederationsia.htm20111113
註 70：劍橋哈佛等成立起源聯盟探尋地外生命　中國科學家這樣說　發布於上海第一財經官方帳號　2023 3
註 71：出自相對論百年故事 中華民國重力協會主編 大塊文化出版社 2015 9 1
註 72：楊定一　永恆曾經存在　宇宙大霹靂後我們都被時間限制　康健出版　2018 8 31
註 73：John Rockstrŏm 維持地球生命系統運作 9 項限度中有 2/3 快超過　發表於科學進展　2023 9 13
註 74：I want to blieve 銀河聯邦的人類編年史 http://www.wretch.cc/blog/eoeoclaire 2012 1 20

附錄

文物除蟲冷凍庫使用手冊

a. 冷凍庫內溫度通常在零下 10-20℃，進入冷凍庫前，應穿戴齊全防寒衣襪，帽子，戴手套
b. 讓同事知道你在庫內，盡量二人以上同時操作，一內一外，以策安全
c. 門的內側通常安置彈簧門把，由內往外推
d. 冷凍庫裝置不會自動上鎖，無法從內部關門，常是從外面用力蓋才會鎖上，外拉把手只在門外有，以防在庫內時因為濕氣和低溫而將門把間隙冰凍
e. 若有金屬把手，徒手觸摸皮膚就會瞬即黏在把手上，因此，門內沒有安裝開關把手，以免將自身困在庫內
f. 萬一門被不留心關上，可以利用門邊中間的安全椎棒插鞘，用力壓住，往外推，就可將門推開。這插鞘是斷開式，轉是空轉的，並未與外側的門把固定，不會因為順手而將門拉上，由於，一拉插鞘就從孔中脫出，或將椎棒插入庫門邊小孔，用力往外推門就開了
g. 內部若屬塑膠把手，旋轉開後，外面門把就掉落，不會被鎖住
h. 如果門把失靈，反鎖在內，不能往外推，轉開安全旋轉鈕讓鎖頭鬆脫
i. 冷凍庫內，一般建物和遮蔽的關係，通訊不佳，拍門呼救聲音容易被掩蓋，手機打電話效果有限，材料若為金屬殼也會黏手
j. 進庫房內，一開燈，庫外紅色警示燈亮起，緊急時可操作內部蜂鳴器，經過者看見門關著，請警覺是有同事被困在裡面，企待救援，應該立刻打開庫門查探

k. 若無警鈴裝置請馬上安裝，實施員工教育訓練，務必親自操作考核
l. 無色無味的純氮若外洩，會窒息致死，鋼桶宜放置開放空間，建置內外感應器

國家圖書館出版品預行編目

克卜勒之鑰：觚 = The key to open Kepler's law / 康嘯白著. -- 臺北市：獵海人, 2024.12
面；　公分
ISBN 978-626-7588-04-8(平裝)

1.CST: 天文學

320　　113017871

克卜勒之鑰：觚

圖　　文／康嘯白
出版策劃／獵海人
製作銷售／秀威資訊科技股份有限公司
114 台北市內湖區瑞光路76巷69號2樓
電話：+886-2-2796-3638
傳真：+886-2-2796-1377
網路訂購／秀威書店：https://store.showwe.tw
博客來網路書店：https://www.books.com.tw
三民網路書店：https://www.m.sanmin.com.tw
讀冊生活：https://www.taaze.tw

出版日期／2024年12月
定　　價／500元